온통, 미생물 세상입니다

연세대 최우수 강의 교수가 들려주는

미생물학 강의

김응빈 지음

연세대학교 출판문화원

온통, 미생물 세상입니다

2021년 10월 8일 1판 1쇄　　2024년 9월 6일 1판 5쇄

지은이　김응빈
펴낸곳　연세대학교 출판문화원
주소　서울특별시 서대문구 연세로 50
등록　1955년 10월 13일(제9-60호)
전화　02) 2123-3378~80
팩스　02) 2123-8673
전자우편　ysup@yonsei.ac.kr
홈페이지　http://press.yonsei.ac.kr
인쇄　동국문화(주)

ISBN　978-89-6850-614-7(03470)

값 15,000원

프롤로그

저는 미생물에 진심입니다만

미소(微小)의 매력에 이끌려

미생물 대중 강연을 하다 보면, 왜 미생물학을 전공으로 선택했느냐는 질문을 종종 받습니다. 그것도 뭔가 근사한 대답을 기대하는 눈빛과 함께 말입니다. 그런데 내 답변은 늘 이렇습니다.

"보이지 않는 게 매력적이어서요".

좋게 보면 솔직담백하고, 나쁘게 보면 어이없죠. 그런데 그게 사실인 걸 어떡합니까?

제가 자주 하는 말이 있는데, 아이들한테 무심코 "너 앞으로 뭐 할래?"라고 물어보는 것은 어찌 보면 좀 잔인해 보인다는 거죠. 막상 본인은 무엇을 좋아하는지도 잘 모르겠는데, 대뜸 뭘 하겠냐고 물으면 어찌

답하겠어요. 저도 그랬습니다. 막상 대학에 들어갔는데, 동물학 시간에 살아 있는 개구리며 쥐를 해부하는 것이 적성에 맞지 않았습니다. 그래서 식물학으로 눈을 돌렸는데, 식물은 살아는 있는데 움직이지 않아서 조금 아쉽더라고요. 그런데 미생물은 보이지 않는다는 겁니다. 선택지가 줄어든 상황에서 차라리 보이지 않는 건 어떨까 하는 호기심이 생겼어요. 『어린 왕자』의 말대로 정말 중요한 것은 눈에 보이지 않잖아요.

미생물학은 크게 두 가지 분야로 나눌 수 있어요. 병원 미생물학은 상대적으로 취직 걱정은 없지만 동물 실험을 해야 합니다. 동물 해부 트라우마 때문에 이 분야는 고려 대상이 아니었죠. 그것을 제하고 나니 당시 제일 뜨거운 분야가 대장균을 대상으로 하는 분자생물학이었는데, 연구하는 사람이 너무 많아 보였어요. 그래서 워낙에 생태 환경에 관심이 많기도 했고, 남들이 안 하는 쪽으로 가다 보니 환경 미생물학을 전공하게 되었습니다. 공부를 시작할 때는 우리나라에서 생태 환경에 대한 인식이 그리 낙관적이지 않았지만, 시대가 변하면서 환경에 대한 관심이 커질수록 환경 미생물학도 차츰 주목을 받게 되었어요. 돌이켜 보니 무언가를 선택할 땐 아니다 싶은 것을 지워가면서 선택하는 것도 하나의 방법이 아닐까 싶네요.

그렇게 미생물을 연구한 지 30년이 넘었지만, 미생물은 알면 알수록 점입가경(漸入佳境)입니다. 대학원 실험실에서 처음 만난 미생물이 '일산화탄소'를 먹고 사는 세균이었어요. 일산화탄소가 뭔지 알죠? 독가스잖아요. 연탄 난방을 주로 하던 시절, 겨울철 연탄가스 중독 사고의 주범이었죠. 심지어 요즘에도 일산화탄소 중독으로 인한 안타까운 뉴스가 가끔

들려오곤 합니다. 그런데 이런 걸 먹고사는 미생물이 있다니, 얼마나 신기해요. 사람들은 미생물 하면 인간에게 해로운 병균만 생각하는데, 알고 보면 이렇게 독성 화합물을 분해하는 기특한 미생물도 있어요. 그런 미생물이 있어서 이 지구가 돌아가는 거거든요. 그래서 이런 작고 하찮은, 미소(微小)의 매력에 이끌려 태평양을 건넜답니다.

독극물을 먹어 치우는 미생물을 연구하다

미국에 가서 독극물을 먹어 치우는 미생물 연구를 본격적으로 진행하는 동안에는 마치 앞만 보고 달리는 경주마와 같았습니다. 연구가 재미있기도 했지만, 최대한 빨리 학위 과정을 마치고 싶은 일념에 오로지 한 종류 미생물에만 매달렸거든요. 어찌 보면 크고 대단한 목표를 정하고 시작한 게 아니라 미생물에 대해 신기해서 대학원 생활을 시작했고, 해 보니 재밌었고, 끝내고 보니 미생물의 참모습을 볼 수 있는 눈이 생겼다고나 할까요? 말하자면, 미생물 연구를 하다 보니 보이지 않는 것들의 매력을 볼 수 있게 되었다는 얘깁니다. 그런 발전 과정에서 있었던 에피소드 하나를 소개할까 합니다.

미국 유학 시절, 마지막 자격시험만 통과하면 이제 내 이름 뒤에도 '박사'라는 수사가 따라온다는 기대에 부풀어 시험장에 갔을 때의 일입니다. 지필 고사가 아니라 구두시험이라는 게 적잖이 부담스러웠죠. 다섯 명의 심사위원이 무작위로 묻는 말에 답해야 하는데, 무슨 질문이 나

올지 알 수 없었습니다. 시험 범위는 미생물학 전 분야라네요. 이런 시험 준비를 어떻게 할까요? 다소 무모하게 들릴지도 모르지만, 기본 실력을 믿고 최대한 편안한 마음으로 실전에 임하기로 했답니다. 그런데 그게 어디 마음먹은 대로 되나요? 실상은 무슨 유행가 가사마냥, "그대 앞에만 서면 나는 왜 작아지는가?"였습니다.

이런 내 마음을 아는지 심사위원장께서 쉬운 질문으로 긴장을 풀어주겠다고 하셨답니다. 그런데 '쉬운 질문'이라는 말에 더 긴장이 되는 거예요. 쉬운 걸 답하지 못하면 진짜 큰일이잖아요. 실제로 질문 자체는 쉬워도 너무 쉬웠어요. 그게 탈이었죠.

"자네 한국에서 왔으니 김치 담글 줄 알지?"

심사위원장이 물었습니다.

"네. 직접 해본 적은 없지만 담그는 법은 대충 압니다."

"그래, 그럼 한번 말해보게나."

"우선 배추를 반으로 잘라 소금물에 절인 다음에요…."

"잠깐, 배추를 왜 절여야 하지?"

뜻밖의 질문에 당황스러웠습니다.

"아니…. 그건…. 소금을 안 뿌리면 맛이 없잖아요.(You know. No salt, no taste.)"

순간 모든 심사위원이 크게 웃었고, 나는 그만큼 더 작아졌습니다. 심사위원장이 다시 물었습니다.

"그래, 그것도 맞는 말인데, 맛보다는 미생물학적으로 생각해 보게나."

그 말에 머릿속이 새하얘졌습니다.

"그게 말이죠…."

제가 머뭇거리자 심사위원장이 보다못해 한마디 했습니다.

"살모넬라균이 힌트야!"

"아! 염분 농도가 올라가서 살모넬라균이 죽겠네요."

"그래. 맞아. 자네 조상들은 참으로 현명했어."

심사위원장이 엄지손가락을 치켜세웠습니다.

'미생물 변호사'를 자처하는 미생물 학자가 되다

실제로 그렇습니다. 우리나라의 대표 음식인 김치는 맛은 물론이고 여러 가지 건강 증진 효과까지 지닌 매우 우수한 발효식품이죠. 특히, 김치를 담글 때 별도의 씨균(종균)을 사용하지도 않을 뿐만 아니라 상온에서 마냥 두고 먹어도 식중독 같은 감염병 걱정은커녕 오히려 갈수록 깊은 맛을 내는 '웰빙식품' 입니다.

이렇게 맛있는 김치를 만드는 데 우리 조상님들의 생물학적인 지혜가 녹아 있습니다. 일단 앞에서 언급한 것처럼 소금이 유해균 성장을 막는 중요한 역할을 합니다. 어떻게 하는 걸까요? 절이면 배추 숨이 죽는다고 하죠. 생물학적으로 말하면, 소금기로 인해 배추 세포 안에 있는 물이 빠져나온 결과입니다. 배추 세포만 그런 게 아니라, 많은 유해균 세포도 마찬가지입니다. 말 그대로 숨이 죽어요. 해당 미생물 사망입니다. 하지만 이런 환경을 좋아하는 미생물도 많아요. 김치를 맛있게 익히는(숙성하는) 마이크로 셰프, 김치 젖산균(유산균)도 그런 경우죠. 또한, 김치 젖산균의 발효 산물인 젖산이 쓸데없는 잡균의 생장을 막습니다. 이러한 삶의 터전 속에서 형성되는 미생물 생태계는 김치가 익어감에 따라 조화 속에 끊임없이 변해가면서 우리에게 맛과 건강을 선물하죠. 이쯤 되면 늘 당연한 것으로 여겼던 김치가 새삼 신기하지 않나요?

심사위원장은 덧붙여 이렇게 말했습니다.

"자네 말이야, 특정 분야에서 진정한 전문가(박사)가 되려면, 전공 분야에 대한 깊이 있는 지식에 더해 연관 분야를 넘어서는 폭넓은 읽기는 필수지. 새로운 아이디어를 창출하는 원동력이 될 테니까."

박사 시절 내내 앞만 보고 달리던 경주마의 시야를 제한하는 눈가리개가 드디어 벗겨지는 순간이었습니다. 아마 그때부터 미생물학에 발을 디디고 사방을 두리번거리며 세상을 바라보기 시작했던 것 같습니다. 그렇게 세상에 관심을 두고 미생물 연구를 하다 보니 미생물에 대한 저만의 특별한 관점이 생기기 시작했습니다. 실제로 작은 미(微)생물 가운데에는 맛있는 미(味)생물도 있답니다. 그런데 공부를 계속하다 보니까 아름다운 미(美)생물도 참 많더라고요.

더욱 놀라운 것은 우리가 정말 하찮게 여기는 미생물이 살아가는 모습을 들여다보면 거기에 원칙이 있다는 것입니다. 흔히 우리는 인간을 가장 고등한 존재라고 생각하잖아요. 그런데 미생물의 세계를 들여다보면 과연 인간이 그런 존재가 맞는지 의문이 들 때가 있습니다.

모든 생물은 다 살려고 발버둥 치잖아요. 미생물도 마찬가지입니다. 그런데 미생물이 사는 방식을 잘 관찰해보면 미생물이 상대방의 존재나 역할을 존중해 주는 것처럼 보일 때가 있습니다. 다툼이 있을지라도 다

톰 이후에는 서로의 영역을 존중해 주고, 서로 돕기도 하면서, 결국 전체로서 더 번성하려는 모습을 보이는 것이죠. 미생물은 이렇게 혼자 사는 것 같지만 다 같이 어울려 살아요. 심지어는 자기들뿐 아니라 다른 생물과도 잘 어울려 살아갑니다. 말하자면 어울려 산다는 것은 미생물 세상의 기본 원칙이라고 할 수 있죠. 이렇게 보면 갈수록 개인주의로 치 닿는 인간보다 오히려 미생물이 더 지혜롭게 사는 것 같지 않나요?

그러다 보니 어느새 저는 '미생물 변호사'를 자처하며 흥미로운 미생물의 세계를 알리게 되었답니다. 사람들이 하찮게 여기는 미생물의 진면목을 먼저 발견한 사람으로서 무조건 미생물을 옹호하려는 게 아니라 이들의 참모습을 올곧게 대변하려는 겁니다. 사람들이 미생물에 대해 갖고 있는 편견과 오해를 해명하고, 미생물과 더불어 잘 살아갈 수 있도록 말이죠. 실제로 미생물에 대해 일면 알수록 인간이 미생물과 어울려 살아가고 있다는 것, 그리고 앞으로도 더불어 살아갈 수밖에 없다는 것을 깨닫게 될 테니까요. 그럼 이제부터 그 이야기를 한번 해 볼까요?

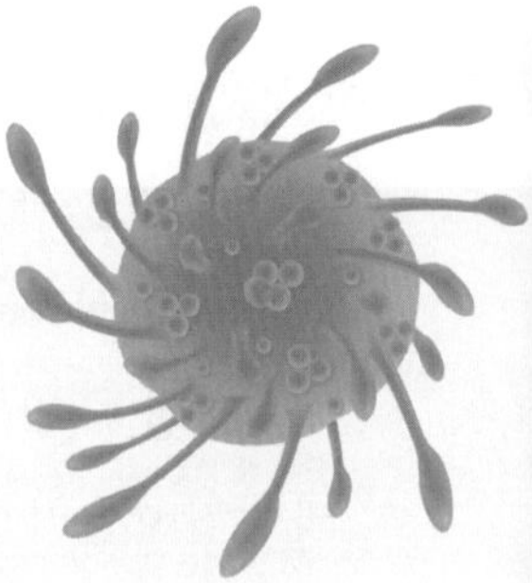

차 례 | contents

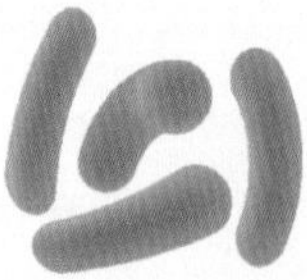

2부　우리가 정말 몰랐던 미생물의 세계

3부　반려 미생물과 평생 해로하는 법

1부

미생물이 우리 삶에 스며든 순간

microorganism

“ 인간이 매일 버리는 쓰레기, 화장실에서 수시로 배출하는 그것들은 다 어디로 갈까요? 썩어 없어지죠? 썩는다는 게 뭔가요? 바로 우리 미생물이 분해하는 겁니다. 모조리 먹어 치운다는 말이죠. 우리가 그런 일을 하지 않는 세상을 한번 상상해 보세요. 끔찍하지 않나요? ”

-한없이 작은 것들의 생존권을 주장하는 미생물의 말

제1강

한없이 작은 것들의 역할이 한없이 크다

지구는 온통 미생물 세상입니다. 우리는 그 안에 살고 있죠. 많은 사람이 이렇게 말하면 도대체 미생물이 뭐냐고 묻습니다. 그러면 저는 이렇게 대답합니다.

"동물 아시죠? 식물 아시죠? 동물과 식물을 빼고 남는, 그것이 바로 미생물입니다."

그러면 보통 이렇게 반문을 합니다. 동식물 빼고 남는 게 뭐가 있느냐고. 그렇죠. 남는 게 없죠. 아니, 정확히 말하면 남는 게 없어 보입니다. 눈에 안 보이니까요. 이렇게 너무 작아서 맨눈으로는 볼 수 없고 현미경으로 볼 수 있는 그런 생물들을 통틀어서 미생물이라고 합니다.

우리 삶을 풍요롭게 하는 생활 속 미생물

'미생물' 하면 가장 먼저 뭐가 떠오르나요? 아마도 감염병이 떠오를 겁니다. 최근 우리 삶을 잠식하고 있는 코로나 19 하나만으로도 당연히 그럴 거예요. 그런데 이 세상에 살고 있는 수많은 미생물 가운데 병을 일으키는 못된 미생물은 소수라는 점을 꼭 말하고 싶습니다. 반론 제기하고 싶은 이가 많을 줄 압니다. 잠시만 내 말을 들어보세요.

우리가 매일 버리는 쓰레기와 화장실에서 수시로 배출하는 것들은 다 어디로 가나요? 다 썩어 없어지죠. '썩는다'라는 게 뭔가요? 바로 미생물이 분해하는 겁니다. 쉽게 말해 미생물이 먹어 치우는 것이죠. 미생물이 그런 일을 하지 않는 세상을 상상해 보세요. 끔찍하죠? 우리가 제대로 인식하고 있진 않았지만, 이건 정말 중요한 일 아니겠어요?

두 번째 우리가 숨 쉬는 산소, 그걸 누가 공급하느냐? 산소 공급자니까, 우선 식물이 떠오르죠? 맞습니다. 그런데 식물은 지구에서 필요한 산소량의 절반 정도만을 공급합니다. 나머지 절반은 어디서 오느냐? 주로 바다와 강, 호수에 사는 미세조류가 공급합니다.

또한, 우리가 즐기는 각종 발효 음식, 글로벌 건강식품 김치부터 시작해서 젓갈과 치즈, 요구르트까지 모두 미생물 활동의 결과물입니다. 솔직히 이렇게 중요한 걸 몰랐잖아요. 아니 그냥 당연한 것으로 생각했잖아요. 말이 나온 김에 하나만 더 소개할게요.

요즘 가정에서 널리 사용하는 찬물에도 때가 잘 빠지는 세제 있죠. 그 역시 미생물 덕을 보는 겁니다. 때의 주성분은 단백질과 기름기입니다.

그래서 기존 세제에 찬물에서도 단백질과 기름을 잘 분해할 수 있는 효소를 좀 넣었어요. 그런 걸 어디서 구하느냐고요? 시베리아나 북극, 남극처럼 추운 데 사는 미생물에서 해당 유전자를 뽑아 바이오 기술로 다듬어 우수한 효소를 양산한답니다. 지금 말한 건 미생물 덕에 우리가 누리는 혜택의 극히 일부에 지나지 않습니다.

여기서 우리 모습을 한번 생각해 보죠. 보통 우리는 나한테 잘해 주고 도움을 주는 건 잘 기억하지 못해요. 그런데 아홉 번을 잘해주다가 어쩌다 한번 서운하게 하면, 그건 아주 잘 기억한단 말이죠. 사실 인간이 미생물을 대하는 태도가 바로 이렇습니다. 평소에는 고마움은커녕 미물로 무시하다가 병을 일으키면 가시 돋친 관심으로 맹비난을 하니까요.

그렇다고 해서 우리의 건강을 해치고 심지어 생명까지 위협하는 병원성 미생물에게 면죄부를 주자는 이야기는 절대 아닙니다. 요컨대 우리 주변에 널려 있는 미생물에 관심을 갖고 잘 알아본 다음, 이로운 미생물을 더 잘 이용하고, 해로운 미생물을 더 효과적으로 대비하자는 거죠. 우리가 잘 먹고 잘살려면 미생물을 제대로 알아야 한다는 이야기입니다.

미생물엔 어떤 것이 있을까?

미생물은 크게 여섯 가지 부류로 나눌 수 있습니다. 큰 그룹만 따져도 벌써 여섯 가지입니다. 각 그룹 안에 또 얼마나 다양한 것들이 있을까요? 미생물의 다양성은 지구상에 사는 모든 동물과 식물의 다양성을 합친 것을 압도하죠. 본격적인 미생물 세상 여행을 떠나기 전에 먼저 미생

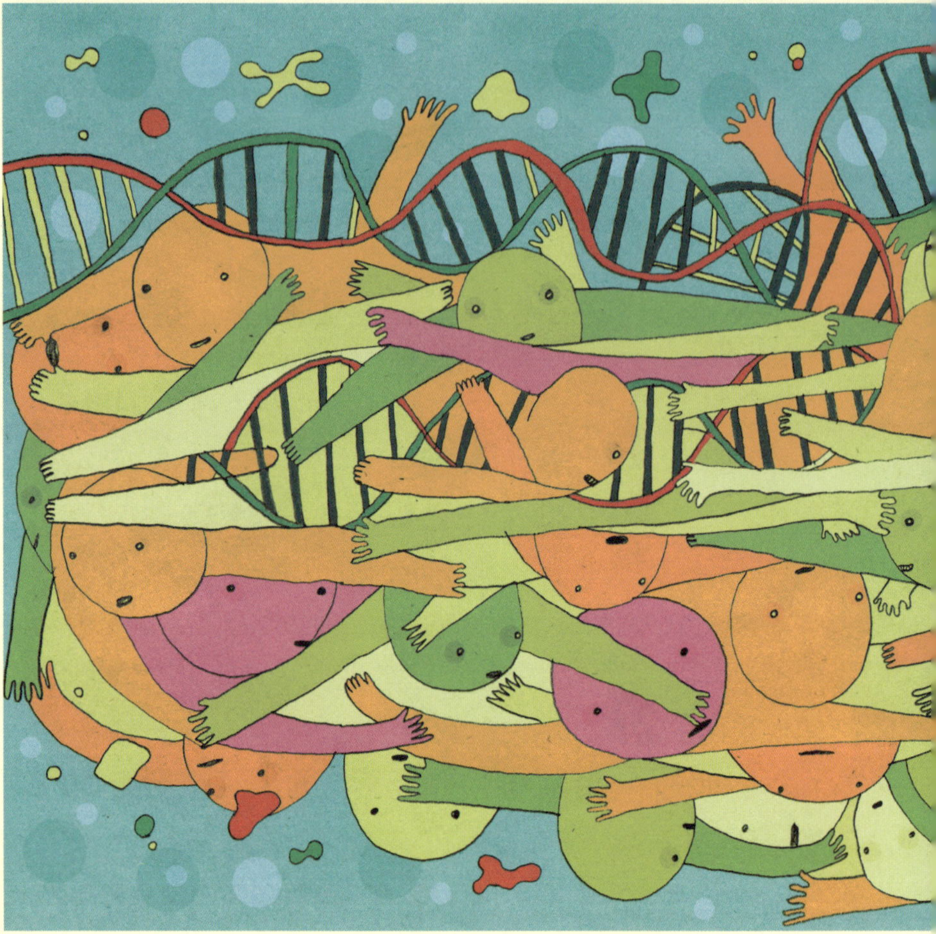

SANG MIN

물 전체를 한번 살펴볼까요? 살짝 교과서처럼 느껴져 지루할 수도 있어요. 만약 그렇더라도 조금만 참고 따라오세요. 이 문턱만 넘어가면 재미있는 책 읽기를 즐길 수 있을 거라 확신합니다.

앞으로 책장을 넘기면서 이렇게 하면 좋겠어요. 이것을 '공부다' 생각해서 억지로 외우려 들지 말고, 그냥 재미난 드라마 한 편 본다 생각하자는 거죠. 용어나 연도, 사람 이름 따위에 신경 쓸 필요 없습니다. 그냥 드라마를 볼 때처럼 편하게 읽으면 자연스럽게 등장인물과 배경, 그에 얽힌 이야기를 알게 될 테니까요. 자, 갑니다!

세균, 영어로 박테리아(bacteria)라고 그러죠. 엄청나게 다양한 능력을 지닌 미생물 무리입니다. 그 능력에 비하면 이들의 모양은 단순합니다. 보통은, 동그랗거나(알균 또는 구균), 갸름하거나(막대균 또는 간균), 아니면 구불구불하거나(나선균) 셋 중 하나입니다. 세균은 자연환경에서 수많은 물질을 분해, 쉬운 말로 썩게 합니다. 일부 세균은 광합성을 하며 살아가기도 하는데, 대표적으로 시아노박테리아(남세균)는 식물과 똑같이 광합성을 한답니다.

고세균은 다른 생물이 살 수 없는 험악한 환경에서도 유유자적할 수 있는 능력을 지닌 미생물 집단입니다. 고세균의 영어 이름 'archaea'는 '고대' 또는 '원시'를 뜻하는 접두사 'archaeo-'에서 유래했습니다. 이들의 서식 환경이 원시 지구와 비슷한 점이 많기 때문입니다. 가령 끓는 물에 가까운 온천수나 사해처럼 염분 농도가 높은 곳이 여러 고세균의 보금자리죠. 흥미롭게도 방귀 성분의 30% 정도를 차지하는 메탄가스는 일부 고세균만이 만들 수 있습니다. 결국, 우리 장 속에도 많은 고세균이 살고 있다는 얘기죠.

진균, 쉬운 말로 하면 곰팡이입니다. 곰팡이 하면 보통 상한 음식에 핀 가는 실타래 같은 모양이 떠오를 겁니다. 이런 곰팡이를 모양 그대로 사상균(絲狀菌)이라고 부릅니다. 빵이나 맥주 등을 만들 때 사용하는 효모(이스트)도 또 다른 곰팡이죠. 그리고 다소 놀라울 수 있는데, 버섯도 곰팡이랍니다. 버섯 토핑 피자를 '풍기(funghi) 피자'라고 하잖아요. 이탈리아어 풍기가 영어로는 펀지(fungi), 한글로는 곰팡이입니다.

조류(algae), 여기서 말하는 조류는 새를 말하는 게 아닙니다. 밥상에서 자주 볼 수 있는 미역과 파래, 김 따위를 말합니다. 이런 다세포 대형 조류도 미생물로 분류하지만, 아무래도 미생물학자는 단세포 미세 조류에 훨씬 더 관심이 많습니다. 조류는 광합성을 통해 이산화탄소를 소비하고 지구에 필요한 산소의 절반 정도를 공급합니다. 그러나 특정 미세 조류가 짧은 시간에 급증하면 적조 또는 녹조 현상과 같은 골치 아픈 문제가 생기기도 합니다.

원생동물(protozoa)은 '원생(原生)'이라는 이름대로 가장 원시적인 단세포 동물을 총칭합니다. 많은 이들에게 친숙한 아메바와 짚신벌레 등이 여기에 속하죠. 대부분의 원생동물은 주변 환경에서 먹이를 섭취하지만, 유글레나처럼 광합성을 하기도 합니다. 반면 말라리아 원충처럼 동물에 기생하며 병을 일으키는 원생동물도 있습니다. 끝으로 세포의 형태를 갖추고 있지 않아서 때때로 생명체와 비생명체의 경계에 걸쳐 있는 것으로 간주하는 바이러스도 편의상 비세포성 미생물로 다룹니다. 크기를 비교하면 사람 세포가 평균 야구 경기장(100㎛)만 하다면, 대장균은 투수 마운드(10㎛) 크기이고 보통 바이러스는 야구공 정도로 가늠할 수 있습니다.

감염병 시대의 생존 지식, 미생물학

이제는 감염병 시대가 되어버린 우리 생활 속에서도 미생물을 알면 큰 도움이 됩니다. 집에서 특히 여름철에 음식물이 종종 상하죠. 우리도 그렇지만, 모든 생물은 주어진 환경에서 최대한 살려고 애를 써요. 미생물도 잘 살려고 애쓰죠. 그들에게 잘 사는 건 뭐냐. 최대한 빨리 자라서, 빨리 세포분열해서, 자손을 많이 증식하는 거예요.

여기 음식물이 있습니다. 앞에서 온통 미생물 세상이라고 했지요. 주변에 미생물이 많아요. 이 미생물이 음식물 속으로 들어갑니다. 들어갔더니 먹을 게 많습니다. 어떡하죠. 살려고 애쓰겠죠. 미생물이 증식을 합니다. 아주 많이 증식해요. 너무 많이 증식하면 우리가 보기에는 뭐가 되죠? 네, 음식물이 부패합니다. 썩는 거죠.

미생물 세상에 살아서 우리 주변 곳곳에 미생물이 있는 걸 아는데 그러면 우리가 어떻게 했어야 할까요? 맞습니다. 미생물이 음식물에 들어가서 자라지 못하도록 막았어야지요. 음식물이 썩었을 때 미생물을 비난하기 전에 적절한 위생 조치를 먼저 하는 게 순서가 아닐까요? 우리가 미생물의 번식 원리를 아니까요.

다음에, 미생물이 병을 일으킨다는 것에 대해서도 할 말이 있습니다. 물론 미생물 중에는 코로나 19 같은 병원성 미생물도 일부 있습니다. 그런데 그거 아세요? 모든 미생물은 잠재적으로 감염을 일으킬 수가 있어요.

"어라! 아까 미생물이 병을 일으키는 건 극히 일부라면서요?"

이렇게 묻는 소리가 들리네요. 맞아요. 특정 병을 일으키는 병원균은 극히 일부인데, 잘못된 시간에 잘못된 장소에 있으면 모든 미생물이 잠재적으로 감염병을 유발해요. 예를 들어 우리 장 속에 정상적으로 사는 대장균을 생각해보죠. 대장균은 장 속에서는 우리를 도와줍니다. 비타민도 만들어주고요. 그런데 이 대장균이 잘못돼서 상처가 난 조직으로 들어갔다, 장을 떠나서 잘못된 장소에 있는 거죠. 대장균이 우연히 우리 몸의 다른 장소에 들어갔더니 거기도 살기가 좋아요. 살 속에 양분이 많잖아요. 그러면 거기서 자라겠죠. 미생물이 증식해요. 그러면 우리한테 뭐가 되죠? 감염이 되는 거죠. 바로 보는 관점의 차이일 뿐입니다. 미생물 입장에서는 새로운 곳에서 나름 잘 살았을 뿐인데, 우리 입장에서는 감염이 되는 거죠.

앞으로 나는 미생물의 관점에서 이야기를 진행할 거예요. 같은 현상을 놓고도 보는 관점에 따라 한쪽에서는 그냥 증식이고, 한쪽에서는 감염이 되는 거예요. 미생물에 대해서 알면, 질병을 미리 예방할 수가 있죠. 코로나 19에 맞서는 모습을 보세요. 감염과 전파의 원리를 알아야 효율적으로 전염 고리를 끊어낼 수 있고, 바이러스를 제대로 알아야 백신을 만들 수 있잖아요. 앞으로의 세상에서 미생물에 대한 기본 지식은 모든 사람이 알아야 하는 생존 지식이 아닌가 생각해 봅니다.

“우린 지구 최초의 생명체로서 적어도 36억 년 전에 태어났어요. 인간이 우리 존재를 알기 전까지는 태평성대였죠. 문제는 인간이 우리를 볼 수 있는 도구를 만들었다는 거예요. 이제까지 숨어서 잘 살아왔는데, 좀 피곤하게 됐다고 할까요?”

-인간에게 노출되기를 꺼리는 어느 세균의 말

제2강

정말 중요한 건 눈에 잘 보이지 않는다

미생물은 지구상 최초의 생명체로서 적어도 36억 년 전에 탄생한 것으로 추정합니다. 이렇게 오래된 미생물이지만 우리가 그 존재를 알게 된 건, 얼마 되지 않습니다. 채 500년이 안 돼요. 왜 그럴까요? 보이지 않으니까 그걸 볼 수 있는 기구가 만들어지고 난 뒤에야 미생물의 존재를 알게 되었죠. 그래서 미생물을 연구하는 학문, 미생물학은 동물학과 식물학보다 그 역사가 훨씬 짧답니다.

자, 미생물 하면 떠오르는 게 하나 있죠. 바로 현미경! 누가 언제 현미경을 발명했는지는 정확히 몰라요. 보통은 얀선(Zacharias Janssen, 1585~1632)이라는 네덜란드 사람이 처음 만들었다고 합니다. 원래 안경을 만들던 사람이었는데, 1600년대 초반에 렌즈 두 개를 둥근 통에 앞뒤로 고정하여 현미경을 만들었다고 하네요.

우리에게 익숙한 모양의 현미경은 영국의 훅(Robert Hooke, 1635~1703)이 첫선을 보였습니다. 자기가 만든 현미경으로 코르크 조각을 들여다보던 훅의 눈에 빽빽하게 붙어 있는 수많은 작은 방 같은 구조가 들어왔어요. 당시에 훅 자신은 몰랐겠지만, 살아 있는 모든 것은 세포로 되어 있다는 '세포설'의 씨앗이 생겨나는 순간입니다. 세포를 뜻하는 영어 단어 '셀(cell)'은 방을 뜻하는 라틴어 '셀라(cella)'에서 유래했습니다.

렌즈 깎기의 달인, 레이우엔훅의 현미경

이제 미생물 첫 발견자를 만나러 다시 '풍차의 나라'로 가봅시다. 레이우엔훅(Anton van Leeuwenhoek, 1632~1723)은 델프트(Delft)라는 도시의 평범한 가정에서 태어났어요. 델프트는 이미 그때부터 네덜란드 경제의 중심지였어요. 네덜란드에서 가장 오래되고 규모가 큰 국립 델프트공과대학도 여기에 있지요.

레이우엔훅은 어려서 아버지를 여의고 홀어머니의 보살핌 속에서 자랐습니다. 어머니의 마음은 예나 지금이나 비슷한 것 같아요. 어머니는 아들이 공무원이 되어 안정적으로 살기를 바랐는데, 아들은 그런 어머니 뜻과 달리 학교를 그만두고 열여섯 살에 장사를 배우겠다고 암스테르담(Amsterdam)으로 갔습니다.

레이우엔훅은 스물한 살에 다시 고향으로 돌아와 자기 가게를 차리고 본격적으로 장사를 시작해요. 곧이어 결혼도 합니다. 이후 1673년 영국의 왕립학회에 첫 편지를 보낼 때까지 20여 년 동안 그의 행적에 대해서는 알려진 것이 별로 없습니다. 다섯 자녀 중 네 명을 어린 나이에 잃었고, 아내마저 그가 서른넷이 되던 1666년에 세상을 떠나고 말았다는 안타까운 사연 정도를 빼고는 말이죠. 확실한 기록은 없지만, 이 기간에 레이우엔훅은 렌즈 깎기에 빠져 자기만의 기술을 연마해 현미경을 만든 것으로 보입니다.

당시 현미경은 지금으로 치면 값비싼 신형 게임기라고 할 수 있습니다. 이것을 가지고 미시 세계 관찰을 즐기는 사람들이 많았죠. 보통 그들은 작은 곤충이나 나뭇잎과 같이 잘 알려진 것들을 확대해서 보는 데 만족하고 있었어요. 사실 당시의 현미경은 품질이 그리 좋지 않아서 세균을 비롯한 작은 미생물을 보여주지는 못했어요. 더 작고 새로운 것이 보고 싶었던 레이우엔훅은 기성 현미경을 사지 않고 직접 제작에 나섭니다.

겉모습만 보면 렌즈가 하나인 레이우엔훅의 현미경은 소박해 보이기까지 합니다. 현미경이라기보다는 돋보기에 더 가까워 보이죠. 하지만 자신의 탁월한 렌즈 제작 능력을 한껏 발휘하여 레이우엔훅은 사물을 300배 정도까지 확대해서 볼 수 있는 렌즈를 현미경에 장착했습니다. 사실 모양도 그래요. 다시 보니 마치 '셀카봉'이 달린 스마트폰처럼 보이네요. 레이우엔훅이 시대를 앞선 현미경 디자인을 한 것 같습니다.

후추 알갱이엔 날카로운 돌기가 있을까?

◀ 레이우엔훅이 현미경을 만든 이유는?

당시 최고 성능의 현미경을 만든 레이우엔훅은 미시 세계 관찰에 푹 빠져듭니다. 빗물과 자신의 대변, 노인의 치아에서 긁어낸 찌꺼기 등 별의별 것을 손수 만든 현미경을 통해 봤어요. 한번은 후추가 매운 이유는, 우리 눈에 보이지는 않지만, 후추 표면에 있는 날카롭고 뾰족한 돌기가 혀를 찌르기 때문일 것으로 생각하고 후추 알갱이와 씨름을 했답니다. 딱딱한 알갱이를 그대로 관찰하는 게 불가능하다는 것을 깨닫고 후추 알갱이를 물에 담가 불렸죠. 몇 주 후 불어 터진 후추가 떠 있는 물을 한 방울 찍어 현미경으로 관찰했습니다. 무엇이 보였을까요? 당연히 그가 상상했던 물질은 볼 수 없었습니다. 대신 아주 작은 벌레 같은 것들이 꼬물대고 있는 것이 눈에 들어왔죠.

그때는 당연히 '미생물'이라는 말이 없었습니다. 레이우엔훅은 꼬물꼬물 움직이니까 이 작은 것들을 일단 동물로 간주하고, '작다'를 뜻하는 접미사 '큘(-cule)'을 붙여 '애니멀큘(animalcule)'이라고 불렀습니다. 우리말로는 '극미동물'이라고 옮길 수 있겠네요.

레이우엔훅은 평생 자그마치 400개가 넘는 현미경을 만들었고, 이를 통해 관찰한 기록을 편지로 작성하여 영국왕립학회에 꾸준히 보냈습니다. 1673년 첫 편지를 시작으로 장장 50년(1673~1723) 동안 무려 200통이 넘게 말입니다. 편지를 받은 왕립학회는 처음에는 변방 국가의 한 장사꾼이 주장하는 내용이 사실인지를 놓고 논란에 휩싸였다고 합니다. 결국, 최종 확인은 영국의 엘리트 과학자 훅이 맡았고, 그는 레이우엔훅의 발견이 사실임을 확인합니다.

1680년 영국왕립학회는 전문 과학 교육은커녕 학교도 제대로 다니지 못했던, 하지만 창의적인 생각과 불굴의 노력으로 새로운 세계를 열어준 레이우엔훅을 회원으로 받아들입니다. 보이지 않는 것을 보고 싶은 호기심을 충족시키려 열정을 불태웠던 레이우엔훅이 내로라하는 학자들과 함께 과학사의 한 페이지에 이름을 올리게 된 것이죠.

레이우엔훅은 1716년 6월에 보낸 편지에 이렇게 적고 있습니다.

"내가 오랫동안 이 일을 하는 것은, 지금 누리고 있는 영광을 받기 위함이 아니라 앎을 향한 욕망 때문입니다. 나는 다른 대부분의 사람보다 그 욕망이 더 큰 것 같습니다."

레이우엔훅과 친구들

사실 레이우엔훅의 성공담은 혼자서 써나간 게 아닙니다. 늘 곁에 있던 딸 마리아 말고도, 특히 두 친구가 큰 도움을 주었습니다. 레이우엔훅은 병적이라 할 만큼 완벽을 추구했고, 의심도 많아서 자기 현미경 렌즈에 잡힌 광경을 남에게 함부로 보여주지 않았다고 합니다. 그러나 그림 실력이 썩 좋지 않았던 탓에 그림 그리는 동네 친구와 자신의 발견을 공유했다고 하는데, '진주 귀걸이를 한 소녀'로 유명한 화가 페르메이르(Johannes Vermeer, 1632~1675)가 주로 도움을 주었을 것으로 추측합니다.

페르메이르는 렘브란트와 함께 17세기 네덜란드 미술의 황금기를 이끈 거장 중 한 명으로 손꼽힙니다. 마흔세 살에 병마로 쓰러질 때까지 남긴 작품 수는 40점이 채 안 되지만, 그의 그림은 모두가 대표작이라고 할 만큼 뛰어납니다. 병약한 체질도 다작을 막았겠지만, 작품의 치밀함으로 보아 한 점을 완성하는 데 시간이 오래 걸렸기 때문에 많이 그리지 못한 것 같기도 합니다.

'진주 귀걸이를 한 소녀', '우유를 따르는 여인', '레이스를 뜨는 소녀' 등 주로 여성의 일상을 화폭에 담던 페르메이르가 1668년과 1669년 연이어 남성을 단독으로 그린 두 작품을 선보입니다. 바로 '천문학자'와 '지리학자'입니다. 현존하는 그의 작품 가운데 남자 모델이 등장하는 것은 이 둘뿐이죠. 그림 속 주인공의 성별뿐만 아니라 분위기도 이전 작품들과는 사뭇 다릅니다. 어쩌면 페르메이르가 당시에 급속도로 발전하는 과학에 영감을 받아 전작들과 확연히 다른 그림을 그렸는지도 모르겠어요. 그렇다면 그림의 모델은 과학자일 가능성이 큽니다. 두 남성이 동일인이라는 데는 대체로 의견이 일치하지만, 누구인지에 대해서는 의견이 분분합니다. 일각에서는 그의 동갑내기 동네 친구인 레이우엔훅일 가능성이 크다고 하는데, 내 생각에도 그런 것 같습니다.

레이우엔훅이 신뢰했던 또 다른 친구 한 명은 해부학과 생리학 발전에 크게 이바지한 의사이자 해부학자 그라프(Regnier de Graaf, 1641~1673)입니다. 1673년 32세의 나이로 요절하기 몇 달 전, 그라프는 영국왕립학회에 편지를 보내 레이우엔훅의 발견을 편견 없이 제대로 평가해 달라고 호소했습니다. 포목상 친구가 당대 최고의 학자들과 소통할 수 있는 길을 열어준 셈이죠.

1723년, 그의 나이 아흔한 살에 레이우엔훅은 마지막 눈을 감기 전에 절친 한 명을 불러 달라고 합니다. 그는 손을 들 힘도 없고, 한때 이글거렸던 눈에는 눈곱이 가득합니다.

"친구여, 탁자 위에 있는 두 편지를 라틴어로 잘 번역해서 런던으로 부쳐주게나."

그는 이렇게 웅얼거렸다고 해요. 레이우엔훅은 모국어밖에 할 줄 몰랐는데, 그 당시 유럽에서는 네덜란드어를 저급한 언어로 취급했다네요. 소위 말하는 식자층은 주로 라틴어를 썼다고 합니다. 다행히 레이우엔훅 곁에는 그가 쓴 편지를 라틴어로 번역해줄 수 있는 친구들도 있었죠. 이런 이들이 없었다면 그의 열정은 일순간 타오르다 꺼지는 불꽃이 되고 말았을 겁니다. 좋은 친구들을 둔 덕분에 오늘날 레이우엔훅은 '미생물학의 아버지'로 불리고 있답니다.

쥐를 만드는 법

간단하다. 통밀 한 주먹을 병에 담는다. 병의 주둥이를 입던 속옷으로 막는다(주의: 새 옷은 안 됨). 3주 정도 그대로 놔두면 쿰쿰한 냄새가 나면서 쥐가 튀어나온다. 그런데 놀라운 것은 새끼 쥐가 아니고 다 자란 성체 쥐가 나온다는 사실이다. 오! 놀라워라. 신이시여!

–자연 발생설을 굳게 믿었던 어느 17세기인의 기록

제3강

작고 하찮은 그것들은 어디서 왔을까

레이우엔훅이 미생물 세계를 알려준 무렵, 지금 들으면 말도 안 되는 '자연 발생설'이라는 황당한 주장을 두고 논쟁이 시작됩니다. 이게 무슨 얘기냐면, 물질에 어떤 '생명력(vital force)'이 들어가서 살아 있는 생명체가 저절로 만들어진다는 거예요. 말도 안 되는 얘기죠. 그런데 옛날에는 이 말을 곧이곧대로 믿었어요. 쌓아둔 퇴비에서 파리가 저절로 나오고 썩어가는 동물의 사체에서 구더기가 꾸물꾸물 기어 나오는 걸 근거로 말입니다.

과학 혁명이 진행되면서 17세기부터 자연 발생에 대한 의구심이 커집니다. 과학 혁명이란, 덴마크의 브라헤(Tycho Brahe, 1546~1601)가 신성(nova, 희미하던 별이 폭발 따위에 의하여 갑자기 밝아져 생겨난 것처럼 보인다는 뜻에서 지어진 이름)을 발견한 1572년부터 영국의 뉴턴(Isaac Newton, 1643~1727)이 『광학』을 집대성한 1704년 사이에 일어난 변화를 통해 근대 과학이 발흥하게 된 일련의 흐름을 말합니다.

고깃덩어리의 구더기는 어디에서 왔을까

1668년 이탈리아 출신 의사 레디(Francesco Redi, 1626~1697)가 자연 발생에 대해 공식적으로 문제를 제기하고 나섰습니다. 그는 구더기가 썩은 고기에서 저절로 생기는 게 아니라는 것을 보여주려고 했습니다. 그릇 두 개에 고기를 담고, 하나는 뚜껑을 덮지 않고 다른 하나는 밀봉했습니다. 그가 예상한 대로 열린 그릇에 있던 고기에서만 구더기가 나왔죠. 그런데 자연 발생을 믿는 사람들은 신선한 공기가 없어서 그렇다고 반박합니다. 그러자 레디는 밀봉하는 대신 공기가 들어갈 수 있게 가제로 그릇을 덮었습니다. 공기가 공급되었음에도 구더기는 보이지 않았죠. 당연한 결과 아닌가요. 가제가 덮인 그릇에는 파리가 알을 낳을 수 없으니 말입니다. 레디의 실험 결과는 생물이 저절로 생겨난다는 오랜 신념에 심각한 타격을 주었습니다.

하지만 많은 이들이 레이우엔훅이 발견한 극미동물(미생물)처럼 단순한 생명체는 자연적으로 발생할 수 있다고 여전히 믿었습니다. 가령 1745년 영국인 니담(John Needham, 1713~1781)이 고깃국을 끓인 다음에 용기에 담아 뚜껑을 덮어도 국물에서 미생물이 생기는 것을 보고는, 이를 자연 발생의 증거로 제시합니다. 20년 정도 지나 이탈리아의 스팔란차니(Lazzaro Spallanzani, 1729~1799)는 니담이 국물을 끓인 다음에 공기에서 미생물이 들어갔을 거라고 지적합니다. 그는 밀봉한 상태로 끓인 고깃국에서는 미생물이 생기지 않는다는 것을 보여주었죠.

이에 대해 니담은 끓이는 과정에서 파괴된 생명력이 밀봉 때문에 공기에서 보충되지 못했다고 반박합니다. 그즈음 프랑스 화학자 라부아지에(Anton Laurent Lavoisier, 1743~1794)가 새로운 기체, 산소를 발견하고, 이것이 생명 유지에 꼭 필요하다는 것을 보여줍니다. 그 결과, 보이지 않는 생명력은 신빙성을 얻었고 그렇게 논쟁은 계속됩니다.

파스퇴르의 기발한 아이디어

자, 이제 시간이 지나서 19세기로 넘어옵니다. 1861년에 프랑스의 파스퇴르(Louis Pasteur, 1822~1895)가 생각에 생각을 거듭합니다. 아무리 봐도 자연 발생설은 잘못된 것이고 이것이 틀렸다는 것을 입증해야 하는데, 방법이 떠오르지 않는 겁니다. 미생물은 못 들어가게 해야 하고, 공기는 들어가게 해야 하는데, 어떻게 해야 할까, 이런 고민을 한 거죠. 그래서 이제 먼저 앞 사람들의 실험을 다시 한번 반복해서 맞는지 확인한 다음에 아주 기막힌 실험 아이디어를 냅니다. 'S자형 플라스크' 또는 '백조목 플라스크'라는 것을 만들었어요.

목이 기다란 플라스크에다가 먼저 고깃국을 채워요. 그다음에, 열을 가해서 목을 S자 모양으로 휘어지게 했습니다. 그러고 나서 열을 가해 펄펄 끓인 다음에 불을 끄고 그냥 놔두었어요. 핵심이 뭐냐면 공기는 자연스럽게 들어가서 확산이 되겠죠. 그런데 미생물은 입구로 들어간다고 하더라도, 휘어진 제일 아랫부분으로 가게 되면 위로 올라갈 수 없다는 것이죠. 미생물이 중력을 받으니까 말이에요. 그러니까 이런 상태에서는 아무리 시간이 지나도 고깃국이 절대로 썩지 않겠죠. 마침내 자연 발생설이 완전히 폐기되었습니다.

허무맹랑한 논쟁이 끝나는 데 무려 200년에서 불과 7년이 모자라는 시간이 걸렸습니다. 2천 년 이상 뿌리 깊게 내려온 고정관념을 깨는 데 걸린 시간으로 따지면 그렇게 긴 건 아니라는 생각도 듭니다. 이제 하찮아 보이는 미생물조차도 생명력과 같은 신비로운 힘에서 기원하는 게 아니라는 것이 명확해졌습니다. 달리 말하면, 모든 생물은 생물에서 태어난다는 '생물속생설'이 완전히 입증된 거죠.

포도주 맛이 시큼해지는 이유는?

◀ 파스퇴르에 대해 더 알고 싶다면.

파스퇴르 하면 머릿속에 요구르트가 떠오르는 이들이 많을 겁니다. 우리나라에 그의 이름을 딴 유업 회사가 있어서 더 그런 것 같아요. 사실 레이우엔훅이 미생물학의 아버지라면, 파스퇴르는 근대 미생물학의 아버지라고 할 수 있습니다. 파스퇴르는 방금 설명한 자연 발생설 논파 외에도 굉장한 업적을 많이 남겼어요. 대표적으로 발효가 화학적 반응이 아니고, 생물학적 반응이라는 사실을 밝혀냈습니다.

파스퇴르 이전 시대 사람들은 물론이고 화학자로 출발한 파스퇴르 자신도 처음에는 발효가 화학적 반응이라고 생각했어요. 음식물이 공기 중에 있는 무언가와 반응이 일어나서 알코올 같은 게 만들어진다고 생각했던 거죠. 그러나 포도주 발효 연구를 진행하면서 산소가 없는 상태에서 효모가 당을 알코올로 발효한다는 사실을 발견하고, 1857년 마침내 이 사실을 세상에 알립니다. 이를 계기로 파스퇴르는 화학자에서 미생물학자로 변신합니다.

이 무렵 한 양조업자가 파스퇴르의 연구실 문을 두드립니다. 그는 보관 중인 포도주가 종종 상해서 시큼해지는 애로 사항을 털어놓았습니다. 파스퇴르는 현미경 관찰을 통해 온전한 술에는 동그란 입자들이 가득하지만 변질된 술에는 막대 모양 입자들이 많이 섞여 있다는 것을 발견합니다. 그러고는 이내 맛이 시어지는 것이 또 다른 미생물인 세균에 의해 일어난다는 사실을 간파합니다. 공기(엄밀히 말하면 산소)가 있으면 이 세균은 알코올을 식초(초산)로 변환시킵니다. 이제 포도주 맛을 버리는 주범을 찾아냈으니, 문제 해결 방법은 의외로 간단해 보이네요. 푹 끓이기!

음주 운전 걱정을 날려버린 무알코올 포도주 맛을 한번 상상해 보세요. 원치 않는 미생물을 없애려고 무턱대고 열을 가하면 빈대 잡겠다고 초가삼간 태우는 꼴이 됩니다. 문제 해결의 관건은 포도주 풍미는 유지하면서 변질을 유발하는 세균을 없애는 것이죠. 파스퇴르는 연구 끝에 그 조건을 알아냈습니다. 바로 30분가량 섭씨 60도 정도를 유지하도록 열처리하는 겁니다. '파스퇴르법(pasteurization)' 또는 '저온살균법'이라고 부르는 이 과정은 여러 식품 제조 공정에서 부패 및 유해균 제거를 위해 지금도 널리 사용하고 있답니다. 여러분도 우유를 마시기 전에 팩에 적혀 있는 살균 방법을 한번 확인해 보세요. 뭐라고 적혀 있나요? 아마 이 세 가지 중 하나일 겁니다.

'고온단시간살균법'은 섭씨 72~75도로 15~20초간 열처리합니다. 또는 온도를 두 배 이상 올리고(130~150℃) 시간을 대폭 줄이는(3~5초) '초고온순간살균법'도 있습니다. 때로는 영어 약자로 표기하기도 합니다. 이렇게 하면 뭔가 더 있어 보일지 몰라도, 온도를 높게 해서 시간을 줄이는 것뿐이지 결국 그 원리는 160여 년 전에 파스퇴르가 개발한 것이죠.

- LTLT: Low Temperature Long Time pasteurization. 저온장시간살균법. 원조 파스퇴르법과 마찬가지로 62~65℃에서 30분간 가열.
- HTST: High Temperature Short Time pasteurization. 고온단시간살균법.
- UHT: Ultra High Temperature pasteurization. 초고온순간살균법

파스퇴르의 연구 성과는 엄청난 파급 효과를 가져왔습니다. 그동안 눈에 안 보여서 막연하게 신비스럽게 여겼던 많은 현상을 미생물과 연관지어 생각하기 시작했죠. 특히 인류를 괴롭혀온 질병까지도 말입니다. 궁금하죠? 궁금하다면 책장을 넘기세요.

m i c r o o r g a n i s m

“인간이 우리 존재에 대해 제대로 눈뜨기 시작한 건 아마 1840년대쯤일 거예요. 헝가리 의사가 수술 전에 손을 잘 씻으라고 말하기 전까지 인간은 개인위생이나 소독에 대한 개념조차 없었죠. 사실 우린 인간들과 동고동락하려고 했어요. 지구상의 모든 생물들이 그러는 것처럼요. 하지만 인간들은 우릴 그렇게 안 보더군요. 그들의 미생물학이 세균 색출에서 출발한 것만 봐도 알 수 있죠. 그때부터 인간과 미생물의 물고 물리는 추격전이 시작됐어요. 이 지긋지긋한 세균 전쟁은 언제 끝날까요? 그리고 그 결과는 해피엔딩? 아니면 새드엔딩?”

–세균 전쟁에 참전한 어느 미생물이 하는 말

제4강

인간과 미생물의 물고 물리는 전쟁이 시작되다

1840년대에 제멜바이스(Ignaz Philipp Semmelweis, 1818~1865)라는 헝가리 의사가 동료 의사들에게 제발 수술하기 전에 손을 잘 씻으라고 말했습니다. 손 씻기가 기본 에티켓인 요즘 우리로서는 이해할 수 없는 상황입니다. 그런데 그 당시에는 미생물 이런 거 전혀 모르니까, 개인위생이나 소독 개념 따위가 아예 없었어요.

제멜바이스는 의사가 손을 잘 닦고 아이를 받으면 '산욕열'이 확실히 줄어든다는 걸 알아차렸습니다. 산욕열이란 분만할 때 생긴 생식기의 상처로 미생물이 들어가 생기는 감염병입니다. 하지만 바른말을 한 제멜바이스가 박수를 받기는커녕 놀림을 받았어요. 아니 놀림을 넘어 조롱과 왕따를 당하고 급기야 병원에서 쫓겨나는 지경까지 이릅니다. 참으로 어처구니없는 일이죠.

흡연이 폐암의 직접적인 원인일까?

그나마 다행히도 3장에서 설명한 파스퇴르의 연구 업적이 널리 알려지기 시작하면서 1860년대부터는 제멜바이스의 충고를 듣는 사람들이 늘어납니다. 대표적으로 영국 외과 의사 리스터(Joseph Lister, 1827~1912)는 처음으로 수술할 때 소독약을 사용합니다. 그랬더니 리스터의 손을 거친 환자들은 회복이 훨씬 빠르고 생존율도 월등히 높은 거예요. 자, 이제 관건은 둘 사이의 인과관계를 규명하는 것입니다.

인과관계란, 한 현상은 다른 현상의 원인이 되고, 그 다른 현상은 먼저 현상의 결과가 되는 관계를 말합니다. 그런데 말이죠, 과학에서 인과관계를 밝히는 게 그렇게 쉬운 게 아니랍니다. 고개가 갸우뚱해지는 독자들이 많을 텐데, 제가 질문 하나 하겠습니다.

"담배가 폐암을 일으킵니까?"

흡연이 폐암의 직접적인 원인이냐는 말입니다. 그렇게 단정할 수는 없죠. 만약 그렇다면 담배의 생산과 판매, 소비를 당장 법으로 금지하고 불법 행위로 단속해야 할 겁니다. 그런데 그렇게 안 하잖아요. 금연 홍보는 적극적으로 하지만, 담배 자체는 버젓이 기호품으로 취급되고 있어요. 담배가 건강에 해로운 건 분명한 사실인데 말입니다. 흡연은 폐암을 비롯하여 여러 질환 발병 확률을 크게 높입니다. 말하자면, 흡연과 해당 질환 사이의 상관관계는 명확하지만, 아직 인과 관계는 명확하게 입증되지 않았다는 얘기입니다.

역학 조사의 중요한 길잡이, 코흐 원칙

◀ 탄저병의 인과 관계를 밝힌 코흐의 실험.

'특정 질병, 정확히 말해서 감염병이 특정 미생물에 의한 것이다'라는 인과 관계는 과연 언제 누가 처음으로 밝혀냈을까요? 독일 출신 의사 코흐(Robert Koch, 1843~1910)입니다. 유럽에서 소와 양에게 치명적인 탄저병의 원인을 밝혀내는 학자들 간의 경쟁이 있었는데, 코흐는 여기서 파스퇴르와 맞수 관계였죠. 보통 흙 속에 사는 탄저균(학명: *Bacillus anthracis*) 감염으로 생기는 탄저병은 주로 초식 동물에서 발생하는 질병이지만 사람에게도 전파되는 '인수 공통 감염병'입니다.

1876년, 코흐는 탄저병으로 죽은 가축의 피에서 막대 모양의 세균(탄저균)을 발견합니다. 그리고 이 막대균이 탄저병에 걸린 동물의 피에서는 항상 관찰되지만 건강한 동물의 혈액에는 없다는 사실을 발견합니다. 그러나 특정 세균의 존재는 그 병으로 인한 결과일 수도 있으므로, 이것만으로 세균이 질병의 원인이라고 단정할 수는 없었죠.

코흐는 인과 관계를 밝히기 위해 단계적으로 실험을 수행합니다. 우선 탄저병에 걸려 죽은 동물의 피를 뽑아서 건강한 실험동물에 주사했죠. 그러자 그 동물은 탄저병으로 죽었습니다. 곧이어 코흐는 병들어 죽은 동물의 핏속에 있는 막대균을 키우는 데 성공하죠. 그다음에는 무엇을 했을까요? 배양한 세균을 건강한 실험동물에 다시 주입했습니다. 그러자 그 동물 역시 탄저병으로 죽었고, 피에서 주입한 것과 같은 막대균이 나왔습니다. 이렇게 해서 질병과 미생물의 인과 관계가 마침내 입증되었습니다.

정리해볼게요. 첫 번째, 특정 감염병으로 죽은 동물의 사체에는 뭐가 있다? 특정 미생물이 있다. 두 번째, 그 미생물을 분리해서 그것만 따로 순수하게 배양할 수 있다. 세 번째, 배양된 미생물을 건강한 동물에 다시 주사하면 똑같은 증상을 일으키며 죽는다. 네 번째, 그 죽은 동물에서 주사한 것과 똑같은 병원균을 다시 관찰할 수 있다.

이 네 가지를 '코흐 원칙(Koch's postulates)'이라고 하는데, 역학 관계를 밝힐 때 지금도 기본적으로 거의 그대로 적용이 되고 있습니다. 물론 예외적인 경우도 있어요. 대표적으로 병원성 미생물 가운데에는 아예 인공 배지에서는 자라지 않는 것들이 있습니다. 맹독성의 매독균과 한센병 병원체가 여기에 해당합니다. 또한, 바이러스 병원체도 숙주 세포 내에서만 증식하기 때문에 인공 배지에서 키울 수 없습니다.

한편으로 생각해 보면, 병원성 미생물의 배양이 어렵다는 것은 무척이나 다행스러운 일입니다. 키우기 쉽다는 것은 아무 데에서나 잘 자랄 수 있다는 얘기니까요. 함부로 뱉은 침 속에 있는 병원균이 길바닥에서 마구 자란다고 생각해 보세요. 생각만으로도 소름이 끼치죠. 어쨌든 극히 일부 예외만 제외하고, 코흐 원칙은 오늘날에도 역학 조사에서 중요한 길잡이가 되고 있습니다.

고기를 잘 익혀 먹어야 하는 이유

탄저병이 '인수 공통 감염병'이라고 했죠? 우리나라에서도 탄저병에 걸린 사람이 보고된 적이 있는데, 사람이 탄저병에 걸리는 경우는 크게 세 가지가 있습니다. 감염된 동물을 다루는 과정에서 피부나 호흡기를 통해서 걸리거나 감염된 동물 고기를 익히지 않고 날로 먹어서입니다. 그러므로 탄저병은 감염 경로에 따라 호흡기 탄저병과 피부 탄저병, 그리고 위장관 탄저병으로 구분합니다.

탄저균의 잠복기는 보통 일주일이 채 안 되지만 드물게 두 달 정도 걸리는 사례도 있습니다. 탄저균이 피부에 감염되면 가려우면서 부스럼과 물집 따위가 생깁니다. 며칠 지나면 감염 부위에 고름이 지면서 검게 변합니다. 그래서 탄저병이라는 이름이 붙었죠.

영어 병명 '안스락스(anthrax)'는 석탄을 뜻하는 그리스어로 '안스라키스(anthrakis)'에서 유래했답니다. 발병 초기에 폐렴과 유사한 증상을 보이는 호흡기 탄저병은 세 가지 탄저병 가운데 가장 위험합니다. 또 위장관 탄저병은 발열과 복통을 동반합니다.

오늘날 탄저병은 항생제로 어렵지 않게 치료할 수 있습니다. 그러나 제때 치료하지 않으면 패혈증이나 뇌수막염 등으로 이어져 생명을 잃을 수도 있는 무서운 감염병입니다. 그러니 무엇보다도 감염 예방이 중요하겠죠?

가죽과 모피, 뼈 등 동물 부속물로 제품을 만들 때는 가공 전에 철저하게 소독해야 합니다. 탄저병 백신이 있으니 탄저균 연구자를 비롯하여 탄저균에 지속적인 노출 위험성이 있는 사람에게는 백신 접종을 권장합니다. 불행 중 다행으로 사람 간 전파는 일어나지 않는 것으로 알려져 있습니다. 환자를 격리할 필요는 없다는 말이죠. 우리나라에서는 탄저병에 걸린 소의 생간을 먹고 위장관 탄저병에 걸린 사례가 보고된 바 있습니

SANG MIN

다. 비단 탄저병뿐만 아니라 다른 감염병 예방을 위해서라도 육류는 가능한 잘 익혀 먹는 게 좋겠지요?

세균의 놀라운 생존력의 비밀

2001년 9월 11일, 미국 뉴욕 맨해튼에서 상상조차 할 수 없는 끔찍한 대참사가 터졌습니다. 테러리스트 일당이 민간 여객기를 공중 납치하여 세계무역센터 쌍둥이 빌딩에 충돌시킨 '9·11 테러' 사건입니다. 거의 3천 명에 달하는 무고한 사람이 목숨을 잃었고, 부상자도 6천 명이 넘었습니다. 더욱 충격적인 사실은 그게 끝이 아니라는 거였죠.

9·11 테러 직후 '백색가루', 바로 탄저균 내생포자가 동봉된 우편물이 미국 정부 주요 인사들에게 배달되었습니다. 이로 인해 22명이 탄저병에 걸려 5명이 사망했습니다. 다행히 탄저균 테러가 더는 확산되지 않았지만, 온 세계는 생물 테러에 대한 경각심과 테러 예방의 중요성을 뼈저리게 느꼈습니다. 탄저균을 이용한 생물 테러 발생 시에는 예방 목적으로 항생제를 투여할 수 있습니다.

2000년대 중반에는 미국과 영국에서도 연이어 탄저병이 발병했습니다. 그런데 이상한 점이 하나 있었습니다. 피해자 모두 '젬베(djembe)'를 연주하던 사람들이라는 점이었죠. 젬베란 아프리카에서 축제와 제식 등에 사용하는 커다란 술잔 모양의 북입니다. 주로 아프리카에서 수입된 말린 초식 동물 가죽으로 만들죠. 이런 가죽은 대부분 합법적으로 수입되지만, 간혹 밀반입되기도 합니다. 아마도 피해자들이 사용했던 가죽이

공교롭게도 후자였을 가능성이 큽니다.

젬베를 만들려면 가죽을 물에 적셔 북의 몸통에 맞게 늘리고 자르고 문질러야 합니다. 이렇게 무두질을 하는 동안 가죽이 마르면서 먼지가 많이 생기는데, 그 일부는 북의 가죽과 틈새에 끼어 있다가 북을 칠 때마다 공기 중으로 날립니다. 탄저균 '내생포자'로 오염된 가죽이라면, 먼지 속에 당연히 이 포자도 들어 있었을 테지요.

내생포자는 일부 세균이 보유하고 있는 놀라운 생존 수단입니다. 먹을 게 없거나 보통 세포 상태로는 견딜 수 없을 만큼 주변 환경이 나빠지면, 세균 세포 안에서 포자를 만들어냅니다. 내생포자의 기능은 번식이 아니라 생존이기 때문이죠. 상황이 나아지면 숨죽이고 있던 내생포자가 발아해서 다시 원래 세포 상태가 됩니다. 이해하기 쉽게 말하면, 세균이 엄청나게 견고한 포자로 변신한다고 봐도 무방합니다.

내생포자는 아주 오랫동안 휴면 상태로 살아 있을 수 있습니다. 약 7,500년 동안 언 땅에 묻혀 있던 포자에게 적절한 성장 조건을 제공하자 살아난 사례도 있었습니다. 심지어 호박(나뭇진이 굳어 생긴 광물) 속 벌의 창자에서 발견된 2,500만 년에서 4,000만 년 된 내생포자가 실험실 배지 위에서 기지개를 켰다는 보고도 있습니다.

“그건 실수였어요. 전 그냥 배양 접시가 있길래 거기 터를 잡았을 뿐이에요. 아시잖아요. 제가 있는 곳엔 황색포도상구균이 얼씬도 못 한다는 거. 그런데 그 영리한 영국 의사가 나를 이용해서 세균 죽이는 마법 탄환을 만들었지 뭐예요. 사람들은 나를 행운의 곰팡이라고 불러요. 세상에, 행운이라니요. 덕분에 난 미생물계의 역적이 되고 말았는데….”

-푸른곰팡이가 하는 말

제5강

마법 탄환, 인간의 반격이 시작되다

'코흐 원칙'의 정립으로 질병, 정확히 말해서 감염병이 특정 미생물의 체내 침입 및 증식의 결과임이 밝혀졌습니다. 미생물의 생존을 위한 몸부림이 인간에게 영향을 미치고 있으니, 인간도 가만 있을 수 없겠죠? 이제 많은 과학자가 그 병원균을 파괴할 수 있는 '마법 탄환(magic bullet)'을 찾아 나섭니다. 이번 장에서는 이런 여정을 이끌었던 네 명의 과학자를 소개하려고 합니다. 본격적으로 이야기를 시작하기 전에 먼저 중요한 용어를 짚고 넘어가겠습니다.

감염병과 전염병은 어떻게 다를까?

감염병과 전염병을 혼동하여 사용하는 경우를 종종 봅니다. 전염과 감염의 의미를 비교해보면 이 둘의 차이를 분명히 구분할 수 있습니다. 전염은 '병이 남에게 옮음'이고, 감염은 '병원체가 생명체 안에 들어가 증식하는 상태'를 말합니다. 그리고 감염의 결과로 생기는 건강 이상을 '감염병'이라고 합니다. 이 말을 되새겨보면, 감염이 반드시 감염병으로 이어지는 건 아니라는 얘기가 되네요. '코로나 19' 상황을 겪으며 우리 귀에 익숙한 '무증상 감염'이 이런 사실을 잘 보여줍니다.

정리해보면, 전염병이란 사람과 사람 사이에 병원체가 이동하여 생기고, 감염병은 사람과 사람 사이의 전파뿐만 아니라 공기나 흙, 곤충 등 사람 이외의 전파원에서 병원체가 옮아와 발병하는 것을 말합니다. 우리나라에서는 2010년 12월 30일부터 '전염병 예방법'과 '기생충 질환 예방법'이 '감염병 예방 및 관리에 관한 법률'로 통합 개정되었습니다. 전염병이라는 용어를 감염병으로 변경함으로써 전염성 질환과 함께 사람들 사이에 전파되지 않는 비전염성 감염병까지 감시 및 관리 대상으로 확대하기 위해서죠.

기생충을 제외하면 병원체는 모두 미생물입니다. 이미 언급한 대로 맨눈에 보이지는 않지만, 미생물은 우리를 늘 에워싸고 있습니다. 예컨대, 우리가 숨을 쉴 때마다 줄잡아 1만 마리 정도의 미생물(주로 세균)이 허파로 들어옵니다. 그런데도 우리에게 별문제가 없는 까닭은 면역계의 방어 능력 덕분입니다. 하지만 면역 기능이 약해지면 병원성이 없는 미생물도 감염을 일으킬 수 있죠. 이를 '기회 감염'이라고 부릅니다.

605번의 실패 끝에 매독 치료제를 만든 파울 에를리히

에를리히(Paul Ehrlich, 1854~1915)는 코흐의 제자라고 볼 수도 있어요. 의사이고요. 의대 재학 시절부터 세균을 물리칠 수 있는 마법 탄환에 관심이 많았다고 해요. 인체 조직 염색 과정에서 같은 조직이라도 염색약에 따라서 염색되는 부위가 조금씩 다르다는 걸 보고서 이런 생각을 했다네요.

"그렇다면 특정 미생물에게만 결합해서 파괴할 수 있는 화합물도 존재하지 않을까? 그런 게 아직 없다면 직접 합성할 수 있지 않을까?"

의대를 졸업하고 코흐 연구소에 합류한 그는 부단히 수많은 실험을 합니다. 이런저런 화합물을 합성해보았죠. 자그마치 600번 하고도 다섯 번째까지 실패했지만, 여기에 굴하지 않고 1909년 드디어 606번째에 마법 탄환을 만들어냅니다. 그 타깃은 인간의 가장 원초적인 욕망에 편승한 매독균입니다.

매독균은 인체 숙주 밖에서는 살 수 없는 '절대 기생체'입니다. 우리로서는 그나마 다행이죠. 무분별한 성행위만 하지 않으면 일단 매독 감염의 위험을 피할 수 있으니까요. 1, 2기가 지나면 매독은 잠복기로 들어갑니다. 이렇게 되면 증상도 없고, 감염된 산모에서 태아로 넘어가는 경우를 제외하면 전염성도 없습니다. 그리고 잠복기 동안 치료를 받지 않은 사람 가운데 대략 3분의 1 정도는 치명적인 말기 매독으로 접어들게 됩니다.

SANG MIN

20세기 초반까지도 대다수 사람이 매독을 부도덕함과 문란함에 대한 신의 징벌이라고 여겼어요. 매독은 '트레포네마 팔리덤(*Treponema pallidum*)'이라는 세균이 일으키는 감염병입니다. 가는 코일 모양인 매독균은 천천히 자기 몸(세포)을 굽혔다가 펴면서 마치 포도주 병따개가 코르크 마개를 파고드는 방식으로 움직입니다.

매독균은 독소 대신 염증 반응을 일으키는 다양한 단백질을 생산해서 조직을 천천히 파괴합니다. 그래서 전염성이 강한 시기에도 보균자는 정상 생활을 할 수 있는 겁니다. 심지어 매독균은 보균자의 성욕을 자극하여 더 자주 성행위를 하게 만듭니다. 결과적으로 그만큼 자신들이 퍼져나갈 기회가 많아지는 거죠.

에를리히가 만든 마법 탄환은 '화합물 606' 또는 '살바르산(salvarsan)'이라고 불립니다. 후자는 영어로 각각 '구원'과 '비소'를 뜻하는 'salvation'과 'arsenic'을 합쳐서 만든 말입니다. 방탕한 쾌락을 즐긴 대가로 받았던 잔혹한 형벌에서 환자를 구해냈음을 의미하죠. 그런데 살바르산 사용이 확산하면서 부작용 사례가 늘어나자 에를리히에게 비난이 쏟아집니다. 매독을 부도덕함과 문란함에 대한 신의 징벌이라고 여겨, 치료제 개발 자체를 반대했던 사람들이 특히 더 맹비난했죠. 하지만 여기에 굴복할 에를리히가 아니죠. 그는 부작용의 원인을 규명하고, 1912년 '네오살바르산(neosalvarsan, 화합물 912)'을 기어코 만들어냅니다. 네오살바르산은 30여 년 뒤에 신무기가 등장할 때까지 매독 치료에 큰 역할을 합니다.

세균을 속이는 설파제를 만든 게르하르트 도마크

에를리히가 만든 마법 탄환을 앞세워 병원균과의 전쟁 판도를 바꾸려고 애쓸 무렵, 유럽에 가공할 만한 전쟁 폭풍이 몰아쳤습니다. 1914년 제1차 세계 대전이 터진 것이죠. 당시 독일 의대생이던 도마크(Gerhard Domagk, 1895~1964)는 자원입대하여 전투병으로 최전선에서 싸우다 부상당하자 그때부터 의무병으로 복무합니다. 전쟁이 끝나고 일상으로 복귀한 도마크는 학업을 계속하여 의대 교수가 됩니다. 에를리히처럼 여러 염료를 대상으로 마법 탄환을 물색하던 그는 더 나은 연구 환경을 제공하는 제약 회사로 자리를 옮겨, 1927년 마침내 '프론토실 레드(Prontosil Red)'라는 화합물이 포도상구균으로 감염된 실험용 쥐 치료에 효과가 있음을 발견합니다.

그다음에는 치료 효과 확인 차원에서 포도상구균을 따로 배양해서 이 화합물을 처리했어요. 그런데 어라! 별 효과가 없는 거예요. 나중에 그 이유를 알아내고 보니까, 이것은 생체 내에 들어가서 변형이 되어야 비로소 항균 효과를 보이는 거였어요. '설파제'라고 통칭하는 약물의 주춧돌을 놓은 겁니다.

도마크가 발견한 설파제는 세균에게 필요한 어떤 비타민하고 그 구조가 비슷해요. 그래서 이게 들어오면 세균이 비타민인 줄 알고 날름 가져다 쓰죠. 세균이 실수하는 거예요. 잘못된 게 들어가 버리니까, 진짜 비타민이 필요로 하는 대사 과정이 다 막혀서 결국 그 세균이 죽게 됩니다.

병원균을 파괴하는 마법 탄환을 발견한 알렉산더 플레밍

글로벌 한류스타 방탄소년단 BTS의 노래 제목으로도 유명한 '세렌디피티(serendipity)'는 '우연히 중대한 발견을 하는 경우'를 뜻하는 영어 단어입니다. 하지만 여기서 말하는 우연은 길을 가다 돈을 줍는 것 같은 그런 요행을 말하는 게 아니죠.

독일의 도마크가 설파제라는 새로운 화학 요법을 개발할 즈음, 바다 건너 영국에서도 제1차 세계 대전에 참전했던 한 의사가 차원이 다른 마법 탄환을 우연히 발견합니다.

전쟁터에서 플레밍(Alexander Fleming, 1881~1955)은 의사로서 자괴감이 들었습니다. 아무리 다친 부위를 소독하고 수술을 잘해도 많은 부상자가 속절없이 죽어 나갔기 때문입니다. 대부분 직접 사인은 전상(戰傷)이 아니라 상처를 통해 들어간 세균 감염에 의한 패혈증이었습니다. 패혈증이란, 상처나 종기 따위에서 병원균이나 독소가 계속 혈관으로 들어가 순환하여 심한 감염이나 중독 증상을 일으키는 것입니다.

1918년, 전쟁이 끝나고 연구실로 돌아온 플레밍은 야전 병원에서의 아픈 기억을 가슴에 묻고 병원균을 파괴할 수 있는 마법 탄환을 찾는 데 주력합니다. 10년 후 플레밍에게 행운의 곰팡이가 찾아왔습니다. 황색포도상구균을 키우던 배양 접시에 푸른곰팡이가 오염되었는데, 그 주위에는 세균이 없었습니다. 플레밍은 이 곰팡이가 세균을 죽이는 물질을 분비할 거라 직감했죠. 이 푸른곰팡이를 분리하여 조사한 결과, '페니실륨(Penicillium)' 계통에 속하는 것으로 밝혀졌습니다. 그래서 이 살균 물질을 '페니실린(penicillin)'이라 명명했고, 나아가 이 화합물이 폐렴균을 비롯한 여러 병원균에 두루 효과가 있음을 알아냅니다.

이처럼 플레밍에게 행운이 찾아온 건 맞습니다. 중요한 것은 그 행운 자체가 아니라 그것을 놓치지 않고 붙잡았다는 사실입니다. 마법 탄환 탐색에 골몰하던 그였기 때문에 가능한 일이었습니다. 플레밍 역시 이렇게 말했습니다.

"준비된 사람만이 기회가 내미는 손길을 볼 수 있다."

흙에서 항생제를 찾아낸 셀먼 왁스먼

데뷔 당시 페니실린은 거의 만병통치약과도 같았고, 오늘날에는 항생제의 대명사가 되었습니다. 하지만 초기 페니실린은 승승장구를 얼마 이어가지 못하고, 내성 세균을 만나 무용지물 신세로 전락하고 맙니다. 항생제 내성에 대해서는 다음 장에서 다루기로 하고, 간단한 질문을 하나 하겠습니다. 항생제란 무엇일까요?

1941년에 공식적으로 처음 등장한 '항생제(antibiotic)'라는 용어는 '삶(bios)'을 '반대한다(anti)'는 뜻으로 미생물이 만들어 내놓은 다른 미생물, 특히 세균을 자라지 못하게 하거나 죽이는 물질을 일컫습니다. 이 말을 만든 미국 미생물학자 왁스먼(Selman Waksman, 1888~1973)은 흙 속에서 치열하게 경쟁하며 살아가는 과정에서 미생물이 상대를 물리치기 위한 어떤 공격성 물질을 만들어낼 것으로 생각했답니다.

실제로 왁스먼은 1943년, '방선균' 가문 소속 토양 세균에서 새로운 항생제를 찾아냅니다. '스트렙토마이신'이라고 부르는 이 항생제는 앞선 페니실린이 치료하지 못했던 감염병에 즉효를 보였습니다. 이후 여러 항생제가 토양 세균에서 분리되었는데, 이들 대부분이 방선균 작품입니다.

스트렙토마이신의 뒤를 이어 여러 마법 탄환이 줄지어 발견되면서, 인류는 병원균과의 전쟁에서 곧 완승할 것이라는 기대감에 한껏 부풀었습니다. 이렇게 항생제를 앞세운 인류의 승리를 마음껏 자축하며 해피엔딩으로 이야기를 마칠 수 있다면 참 좋겠습니다. 하지만 현실은 그렇지 못합니다. 그럼 혹시 새드엔딩?

m i c r o o r g a n i s m

"실험실에서 죽지 않을 정도의 페니실린 농도에 세균을 노출함으로써 이에 내성을 가지게 하는 것은 그리 어려운 일이 아니다. 약국에 가서 누구나 페니실린을 살 수 있는 때가 올지도 모르겠다. 그리고 별생각 없이 약을 먹다 보면 똑같은 일이 우리 몸 안에서 일어날 수 있다. 페니실린 치료를 무분별하게 하는 사람은 페니실린 내성균 감염으로 인한 인명 피해에 대해 윤리적 책임이 있다. 나는 이런 비극이 생기지 않기를 바란다."

–영국의 미생물학자 플레밍이 하는 말

제6강

그들은 어떻게 내성을 갖게 되었나

1945년 노벨 생리의학상은 세 명의 과학자, 플레밍과 체인(Ernst Chain, 1906~1979), 플로리(Howard Florey, 1898~1968)가 공동 수상했습니다. 나치 박해를 피해 영국으로 건너온 유대인 과학자 체인은 캠브리지대학에서 박사 학위를 따고, 1935년에 옥스퍼드대학 병리학 교수로 임용되었습니다. 그리고 거기서 플로리를 만나 공동 연구를 하게 되었죠. 이들은 페니실린 정제 및 농축 방법을 개발하고, 1940년에는 실험용 쥐를 대상으로 정제된 페니실린의 효능을 확증했습니다. 그러나 독일군의 공습까지 받고 있는 영국에서는 원활하게 실험을 할 수가 없어서 미국으로 연구 무대를 옮기게 되었습니다.

미국 정부도 페니실린 연구에 지원을 아끼지 않았고, 마침내 1942년부터 페니실린 대량 생산이 시작됩니다. 그리고 1944년 6월, 역사적인 노르망디 상륙 작전에 페니실린이 투입되어 부상당한 연합군 장병들을 세균 감염에서 보호했습니다. 덕분에 수많은 집안의 아들들이 살아서 집으로 돌아올 수 있었죠. 지옥을 방불케 하는 치열한 총격전 속에 상륙 초기 3주 동안 연합군 측에서만 전사자가 9천 명에 육박했고, 부상자는 5만 명을 넘어섰습니다. 생각만으로도 끔찍하지만, 만약 페니실린이 아니었다면 두 수치가 바뀌었을지 모릅니다.

성벽을 무너뜨리다

단세포 생물인 세균에게 세포벽은 자신을 보호하는 '성벽'인 셈입니다. 세균이 세포벽을 만드는 과정은 벽돌공이 성벽을 쌓는 과정에 비유할 수 있죠. 세균의 세포벽은 서로 다른 두 가지 벽돌로 만들어집니다. 성벽 축조에는 두 부류의 벽돌공(효소)이 참여합니다. 첫 번째 벽돌공은 두 개의 벽돌을 번갈아 배열하면서 벽돌 양쪽에 달린 고리를 연결하며 벽을 쌓아 나갑니다. 그러면 두 번째 벽돌공이 성벽의 층과 층 사이를 단단히 고정하죠.

페니실린은 층간 결합 작업을 담당하는 벽돌공에 달라붙어 일을 못하게 방해합니다. 다른 벽돌공은 여전히 일을 하고 있으므로 성벽은 계속 올라가지만, 층과 층 사이가 연결되지 않겠죠. 이렇게 부실시공된 성벽은 세포 안에서 오는 압력을 이기지 못하고 결국 무너지고 맙니다. 세균 세포가 터지면서 세균이 죽게 된다는 얘기입니다.

승승장구하던 최초의 항생제, 페니실린의 예봉을 꺾은 것은 '베타-락

타마제'라고 하는 페니실린 분해 효소였습니다. 황색포도상구균을 비롯하여 여러 세균이 만드는 이 효소는 페니실린의 핵심 구조인 '베타–락탐 고리'를 파괴합니다. 엄밀히 말하면, 페니실린은 한 가지 화합물의 이름이 아닙니다. '베타–락탐 고리'를 핵심 구조로 가지고 있는 50가지 이상의 항생제 그룹을 의미하죠. 페니실린의 종류는 이 핵심 구조에 붙어 있는 곁가지에 따라 구분됩니다.

페니실린 분해 효소는 바로 그 공통 핵심 구조를 타격해서 페니실린을 무력하게 만듭니다. 말하자면, 인간이 발사한 페니실린이라는 미사일을 정확하게 요격하는 세균의 방어 무기인 셈이죠. 그렇다고 가만히 당하고만 있을 우리가 아니죠. 인간은 '반합성 페니실린'을 개발하여 세균의 반격에 신속하게 대응했습니다. '반합성(semisynthetic)'이란 말은 페니실린의 일부는 곰팡이가 만들고, 나머지 일부는 인공적으로 합성한다는 뜻입니다. 참고로 항생제 이름이 '–실린(–cillin)'으로 끝나면 모두 페니실린 계열이라고 보면 됩니다.

항생제 내성균의 끝없는 반격

뉴스에 심심찮게 등장하는 황색포도상구균은 여드름과 종기에서 식중독, 폐렴, 수술 상처 감염까지 일으키는 골칫덩어리 세균입니다. 페니실린의 활약으로 제압되는 듯하다가 1950년대부터 저항을 하더니, 이내 왕년의 마법 탄환을 무용지물로 만들어버렸습니다. 상황이 이렇게 되자 과학자들은 '메티실린'이라는 반합성 항생제를 개발했습니다. 그러나 메

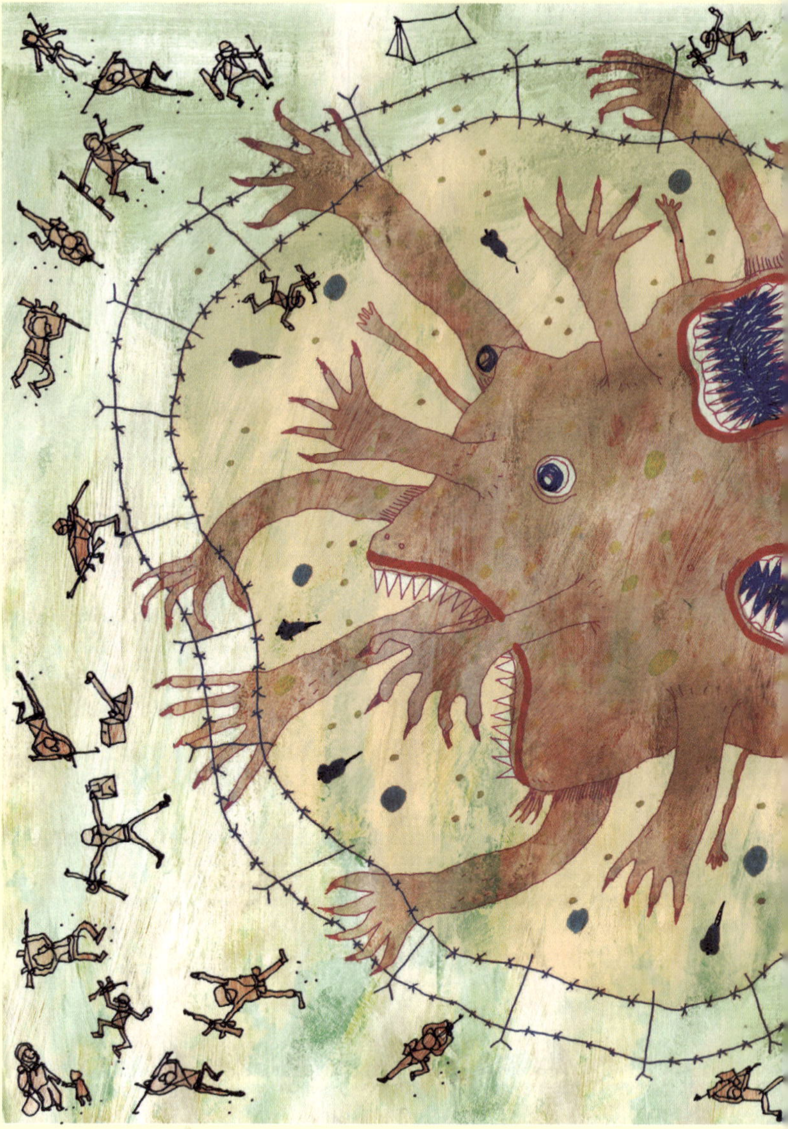

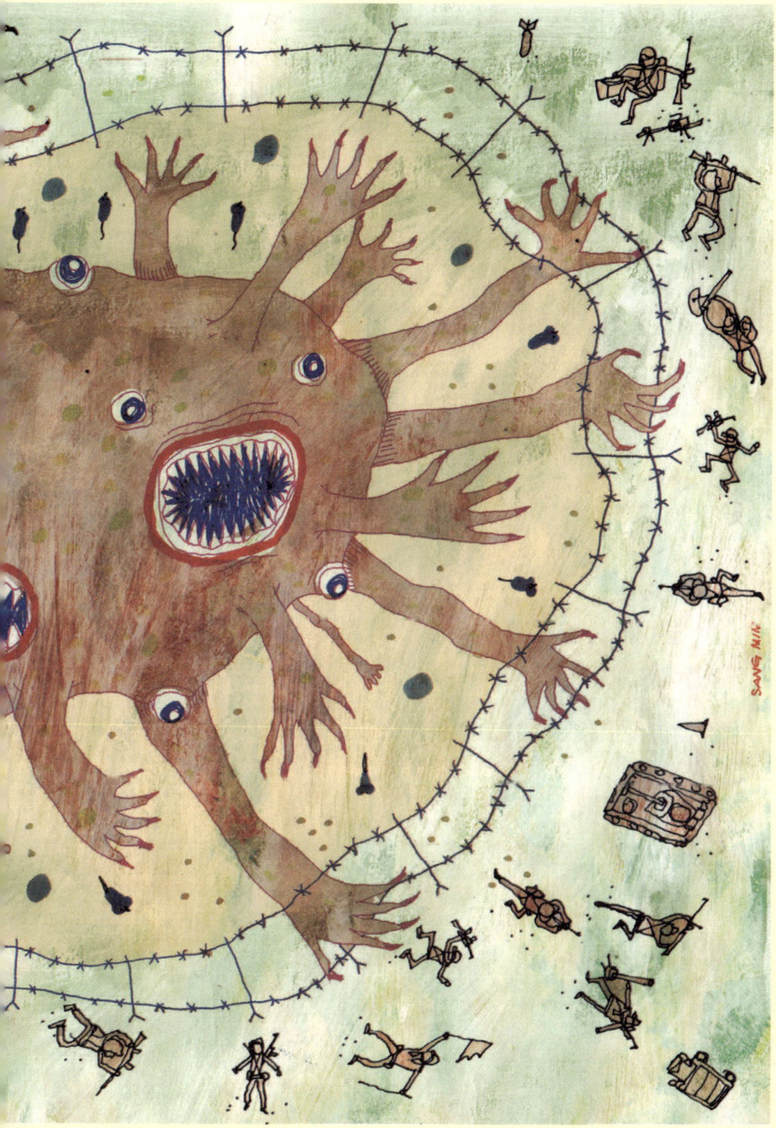
SANG MIN

티실린의 효력은 그리 오래가지 못했습니다. 메티실린이 개발되고 나서 몇 년 만에 여기에 내성을 지닌 황색포도상구균이 나타나기 시작했기 때문입니다. 1980년대 들어 이런 내성 세균 감염 사례가 더욱 늘어나면서 결국 메티실린 생산이 중단되고 말았습니다.

인류도 이에 굴하지 않고 '반코마이신'이라는 새로운 항생제로 응수했습니다. 안타깝지만 이 약발도 오래가지는 못했습니다. 1990년대 후반부터 반코마이신에 약하게 내성을 보이기 시작하더니, 이윽고 2002년 미국에서 반코마이신에 완전한 내성을 지닌 황색포도상구균 감염이 보고되었습니다. 악순환의 고리에 빠지고 만 것이죠. 사실 플레밍은 이런 사태를 이미 예견했던 것 같습니다. 다음과 같은 당부의 말까지 남긴 걸 보면 말입니다.

> "실험실에서 죽지 않을 정도의 페니실린 농도에 세균을 노출함으로써 이에 내성을 가지게 하는 것은 그리 어려운 일이 아니다. 약국에 가서 누구나 페니실린을 살 수 있는 때가 올지도 모르겠다. 그리고 별생각 없이 약을 먹다 보면 똑같은 일이 우리 몸 안에서 일어날 수 있다. 페니실린 치료를 무분별하게 하는 사람은 페니실린 내성균 감염으로 인한 인명 피해에 대해 윤리적 책임이 있다. 나는 이런 비극이 생기지 않기를 바란다."

페니실린을 비롯한 항생제의 발견은 미생물학의 찬란한 업적 가운데서도 단연 백미(白眉)로 꼽힙니다. 하지만 안타깝게도 항생제 내성균들이 속속 출현하면서 그 빛이 가려지고 있습니다. 더 큰 문제는 내성균들에 맞서 싸울 탄환이 점점 소진되고 있다는 사실이죠. 세균이 내성을 획득하는 속도가 새로운 항생제를 개발하는 속도보다 훨씬 빠르기 때문입니다. 급기야 현재 사용할 수 있는 모든 항생제에 내성을 가지는 '슈퍼박테리아(superbacteria)' 또는 '슈퍼버그(superbug)'까지 등장하는 지경에 이르렀습니다. 자칫 잘못하면 인간과 세균의 물고 물리는 전쟁이 새드엔딩으로 향할지도 모르겠습니다. 그러지 않으려면 병원성 미생물에 맞서는 우리의 전략과 자세를 되짚어보고 적절한 대책을 세워야 할 것입니다.

새로운 항생제 개발이 절실한 내성균들

'ESKAPE', 언뜻 '탈출하다'를 뜻하는 영어 단어 'ESCAPE'를 잘못 쓴 것처럼 보이지만, 그렇지 않습니다. 이것은 현재 우리가 사용하는 주요 항생제에 내성을 보이는 여섯 종류 세균의 학명 첫 글자를 따서 만든 약어입니다. 이들의 실명을 소개합니다.

장알균(*Enterococcus faecium*)

황색포도상구균(*Staphylococcus aureus*)

폐렴간균(*Klebsiella pneumoniae*)

아시네토박터 바우마니(*Acinetobacter baumannii*)

녹농균(*Pseudomonas aeruginosa*)

엔테로박터류(*Enterobacter spp.*)

2017년 세계보건기구(WHO)는 새로운 항생제 개발이 절실한 병원균 목록을 발표하면서 'ESKAPE'를 우선순위로 지정했습니다. 이들이 우리 주변 곳곳에 존재하는 흔한 세균인 데다가 '다약제내성'을 보이기 때문이죠. 다약제내성이란 보통 서로 다른 계통의 항생제 세 가지 이상에 내성을 보이는 경우를 말하죠.

ESKAPE 세균의 위험성은 병원성 그 자체보다는 탁월한 환경 적응력에 있습니다. 말하자면, 이들이 감염병을 일으키는 능력은 비교적 낮지만, 인체는 물론이고 우리의 보통 생활 환경에서도 잘 살기 때문에 감염을 일으키기 쉽다는 점입니다.

보통 건강한 사람에게는 ESKAPE 세균이 그다지 위협적이지 않습니다. 그러나 면역 기능이 떨어지면 이들 감염에 취약해집니다. 특히 ESKAPE 세균이 병원 내 감염을 일으키는 주범이어서 이들이 여러 항생제에 버티면, 곧 '다약제내성'을 띠게 되면 문제가 아주 심각해집니다. 게다가 최근에는 항생제 개발 속도가 현저하게 느려지고 있는 상황에서 다약제내성 ESKAPE의 엄습이 일어나고 있습니다. 이런 난관을 극복하기 위해서는 새로운 해결사가 절실한 실정입니다.

세균을 숙주로 삼는 뜻밖의 해결사

1917년, 프랑스 미생물학자 데렐(Felix d'Herelle, 1873~1949)이 '이질균에 맞서는 미지의 미생물에 관하여'라는 제목의 흥미로운 논문을 발표했습니다. 그는 파스퇴르연구소에서 이질균 배양을 하다가 아주 신기한 장면을 목격합니다. 배양기 안에서 잘 자라고 있던 세균 배양액에 이질 환자의 분변 여과액을 첨가했더니, 배양액이 하룻밤 사이에 맑아진 것이죠. 그는 보이지 않는 무언가가 세균(박테리아)을 먹어치운다고 직감하고, 그것에 '박테리오파지(bacteriophage)'라는 이름을 붙였습니다. 간단히 줄여서 '파지(phage)'라고 부르기도 하는데, 파지는 '먹는다'라는 뜻을 지닌 그리스어에서 유래했습니다. 이렇게 해서 세균만을 숙주로 삼는 바이러스의 존재가 세상에 알려지게 되었죠.

논문 발표 당시부터 데렐과 몇몇 학자들은 세균 바이러스, 즉 파지를 세균 감염병 치료에 사용하자고 제안했습니다. 이른바 '파지 요법(phage therapy)'의 탄생입니다. 이 아이디어는 아주 기발하고 창의적이지만, 아쉽게도 항생제의 그늘에 가려져 버렸습니다. 제약 업계가 항생제 생산에 몰두한 것도 파지 요법을 경제적 변방으로 밀어내는 데 일조했죠. 하지만 100년 후 극적인 반전이 일어납니다.

2016년 미국 샌디에이고병원 중환자실에서 장염 치료를 받던 68세 남성이 '이라키박터(Iraqibacter)'라는 슈퍼 박테리아에 감염되었다는 진단을 받았습니다. 이라키박터란, ESKAPE 가운데 하나인 '아시네토박터 바우마니'가 이라크 전쟁(2003.3.20~2011.12.18) 동안 야전 병원에서 많이 검출되어 갖게 된 별칭입니다.

그 환자는 현재 사용할 수 있는 모든 항생제에 내성을 가지는 슈퍼 박테리아에 감염된 상태였죠. 그 환자를 구하기 위한 마지막 수단으로 담당 의사는 파지 요법을 택했습니다. 치료 효과는 차치하고 안정성도 장담할 수 없었지만, 지푸라기라도 잡는 심정으로 보건 당국을 설득하여 기어코 긴급 사용 승인을 받아냅니다.

의료진은 파지가 세균 감염 부위로 퍼져 나가기를 바라면서 관을 통해 환자의 위 속으로 바이러스를 주입했습니다. 심지어 파지 용액을 혈관에 직접 주사하기도 했죠. 그때까지 미국에서 한 번도 시행된 적이 없는 파격적인 치료 방법이었습니다. 그런데 다음날 환자에게 패혈성 쇼크가 왔고, 파지 주입은 즉각 중단되었습니다. 다행히 환자는 이후 회복되었고, 쇼크 원인도 파지가 아닌 다른 세균 때문으로 밝혀졌습니다. 이틀 뒤 파지 요법이 재개되었고, 한 달이 지나자 일흔을 바라보던 그 남성은 휠체어를 타고 바깥공기를 쐬며 가족과 대화를 나눌 수 있게 되었습니다. 그는 자신이 지구상에서 가장 큰 기니피그였다는 농담을 건네기도 했다고 합니다. 때마침 프랑스 파리에서는 박테리오파지 발견 100주년을 기념하는 학술 행사가 열렸죠.

보통 기생체는 숙주보다 훨씬 작지만, 그 수는 훨씬 많습니다. 세균은 지구 어디에나 있는 가장 흔하고 많은 생명체입니다. 따라서 특정 병원균을 공격하는 천적 파지를 찾는 것은 그리 어려운 일이 아니죠. 파지는 항생제 내성 문제를 푸는 해결사가 되어 줄 수 있습니다.

파지 요법의 또 다른 장점은 숙주 특이성입니다. 유익균과 유해균을 가리지 않고 파괴하는 항생제와 달리, 파지는 표적이 되는 병원균만을 타격할 뿐만 아니라 세균이 아니면 아예 건드리지도 않습니다. 그렇다면 과연 파지는 다시 굴러떨어질 무거운 바위를 산꼭대기로 끊임없이 밀어 올려야 하는 시시포스의 굴레에서 우리를 벗어나게(escape) 해줄 수 있을까요?

microorganism

"우리가 세대를 잇는 방법은 간단해요. 세균 한 마리가 분열해서 둘이 되고, 그 둘이 분열해서 넷이 되죠. 그런 방식으로 이 급변하는 지구 환경에 적응할 수 있겠느냐고요? 맞아요. 쉽진 않았어요. 우린 다른 세균들과 닥치는 대로 유전자를 주고받았죠. 자그마치 수십억 년 동안이나요. 상상이 가나요? 우리 같은 단세포 세균이 지구에서 살아남는다는 건 그만큼 지난한 일이에요."

-어느 단세포 세균의 하소연

제7강

호랑이는 죽어서 가죽을 남기고 세균은 죽어서 DNA를 남긴다

까칠해서 대하기 어려운 사람을 흔히 '고슴도치'에 빗대곤 합니다. 어떻게 하면 이들과 함께 잘 살아갈 수 있을까요? 『고슴도치 끌어안기』라는 책은 나름대로 이런 지혜를 소개하고 있습니다. 이번 이야기는 이 책의 제목으로 시작합니다. 책에 나오는 방법 가운데 '고슴도치의 본성을 이해하고 적당한 거리 유지하기'라는 대목이 나오는데, 이것이 항생제 내성균 문제의 정곡을 찌르기 때문입니다.

고슴도치 끌어안기

미생물 처지에서 보면 우리가 사용하는 항생제는 일종의 감염병인 셈입니다. 이전에 접한 적이 없는 새로운 감염병(항생제)에 노출되면, 대부분은 치명타를 입고 쓰러지고 말죠. 하지만 개중에는 살아남는 것도 있습니다. 바로 '돌연변이' 덕분입니다. 돌연변이란 어떤 생명체의 DNA 염기 서열이 바뀌는 현상을 말합니다. 비유로 말하면, 우리가 컴퓨터 자판을 두드리다 가끔 실수로 오타를 내는 것과 같은 거죠.

돌연변이는 우연히 무작위로 생기므로 생명체에 아무래도 해로운 영향을 미치기 쉽죠. 하지만 드물게 이로울 때도 있습니다. 이를테면 항생제에 노출되는 세균 집단에서 항생제 내성이 생기는 돌연변이는 큰 이익이 되죠. 어떤 세균 집단이 항생제에 노출되었다고 가정해볼까요? 그러면 구성원 대부분이 죽게 되고, 항생제 내성이 생긴 소수의 돌연변이체만 살아남게 될 것입니다. 그러니 돌연변이가 이 세균 집단의 생존에 큰 도움을 주는 것입니다. 세균은 돌연변이 말고도 또 다른 기막힌 방법으로 항생제 내성을 획득하고 퍼뜨립니다.

세균은 어떻게 소통할까

생물학적으로 생명 현상은 '생존과 번식'이라는 두 단어로 함축할 수 있고, 그 바탕에는 '유전자'라는 정보가 자리 잡고 있습니다. 말하자면, 생명체의 고유 특성은 유전 정보의 표현이고, 증식(자손 생산)은 유한한 생명체가 유전 정보를 다음 세대로 전달하는 수단인 거죠.

대부분의 생물은 암수가 있고, 유성생식을 통해 유전자를 전달하며 세대를 이어갑니다. 부모에게서 자식으로 즉, 위에서 아래로 내려가기에 이를 '수직 유전자 전달'이라고 부르죠. 단세포 생물이면서 무성생식을 하는 세균에게는 세포 분열 자체가 번식이고 수직 유전자 전달입니다.

유성생식과 무성생식은 각각 장단점이 있습니다. 짝짓기를 통해 유성생식에 성공하려면 아주 많은 공을 들여야 합니다. 야생 동물 세계를 다룬 다큐멘터리를 보면, 암컷을 놓고 벌이는 수컷들의 분투가 처절하다 못해 애절하기까지 합니다. 식물은 또 어떤가요? 온갖 화려한 꽃을 피우고 맛난 열매를 맺는 수고를 마다하지 않는 것도 다 번식을 위해서죠.

반면 혼자서 분열만 하면 되는 무성생식은 훨씬 더 쉽고 간편합니다. 세균 한 마리가 분열하여 둘이 되고, 다시 분열할 때마다 두 배로 늘어납니다. 그런데 거듭제곱으로 엄청나게 늘어나는 세균 수와는 달리 유전적 다양성은 거의 그대로입니다. 이대로라면 환경 변화에 적응하기에는 매우 취약해지게 됩니다. 하지만 세균에게는 그들만의 은밀한 비법이 있죠. 다른 세균들과 유전자를 마구 주고받는 '수평 유전자 전달'입니다. 이 덕분에 세균은 엄청난 유전적 다양성을 얻을 수 있습니다. 세균은 지난 수십억 년 동안 이러한 소통을 해왔습니다.

오지랖 넓은 세균들의 수평 유전자 전달 방식

세균이 죽어서 그 세포가 파괴되면 DNA가 외부 환경에 노출됩니다. 감싸고 있던 세포벽과 세포막이 벗겨졌다는 의미에서 이를 '벌거벗은(naked) DNA'라고 부르죠. 그런데 DNA라는 물질이 생각보다 견고해서 풍파에 부서지면서도 그 조각들은 상당히 오랫동안 남아 있습니다. 이렇게 나뒹구는 헐벗은 DNA를 종종 주변에 있는 다른 세균이 받아들여 자기 것으로 만듭니다. 호랑이는 죽어서 가죽을 남긴다고 하는데, 세균은 죽어서 DNA를 남기는 셈이네요.

아무리 작은 DNA 조각이라도 산소 같은 기체처럼 단순 확산으로 온전한 세포 안으로 무사통과할 수는 없는 노릇이죠. 외부 DNA를 받아들이려면 해당 세균의 세포벽과 세포막에 모종의 변화가 생겨야 합니다. 보통 이런 수용 능력은 환경에서 받은 스트레스 때문에 생기곤 합니다. 위기는 기회라는 말이 떠오르네요. 어려움 속에 혁신이 이루어지는 게 자연의 섭리인가 봅니다.

말이 나온 김에 스트레스 얘기를 조금 더 해보겠습니다. 현대인은 너나없이 모두 스트레스에 시달리고 있다고 합니다. 만병의 근원이라는 스트레스를 받지 말아야 하는데, 그게 맘대로 안 되죠. 그런데 문득 이런 물음이 생기네요. 도대체 스트레스가 뭔가요? '적응하기 어려운 환경에 처할 때 느끼는 심리적 · 신체적 긴장 상태'라고 답한다면, 10점 만점에 5점입니다.

생물학적으로 스트레스란 몸 밖에서 가해지는 자극입니다. 따라서 살아 있는 모든 생물에게 스트레스는 피할 수 없는 현실입니다. 이런 자극에 제대로 반응하거나 대응하지 못하면 생존 자체가 어렵습니다. 중요한 것은, 어떻게 받아들이느냐에 따라 그 자극이 좋은 '유스트레스(eustress)'가 될 수도 있고, 나쁜 '디스트레스(distress)'가 될 수도 있다는 사실입니다. 후자가 우리가 흔히 말하는 스트레스죠.

요즘 여가를 이용하여 운동을 비롯한 다양한 취미 활동을 하는 사람들이 늘어나고 있답니다. 반가운 소식이죠. 그런데 어떤 활동이라도 스스로 좋아서 하고 싶어서 하면 즐거운 취미 생활, 즉 '유스트레스'가 되지만, 억지로 해야 한다면 또 다른 일, '디스트레스'가 되고 맙니다. 이처럼 유스트레스와 디스트레스는 딱히 정해져 있는 게 아니라 각자의 성향과 받아들이는 태도에 따라 결정됩니다. 앞서 말했듯이, 지금 읽고 있는 이 텍스트가 이야깃거리가 되어 부디 유스트레스가 되기를 바랍니다.

다시 본론으로 돌아와서, 코로나 19 때문에 더 이상 언급하기 싫은 존재가 되어버린 바이러스는 모든 생명체를 감염시킵니다. 세균도 피해 갈 수 없죠. 침입한 바이러스는 숙주의 세포 체계를 강탈하여 증식합니다. 바이러스에게 증식이란, 유전 물질과 이를 담을 단백질 껍데기를 따로 양산한 다음 조립하는 것이죠. 그런데 바이러스가 산산이 부서진 숙주의 DNA 조각을 자기 것으로 착각하고 담아 조립하는 경우가 가끔 생깁니다. 놀랍게도 이런 불량 바이러스도 껍데기 속 DNA 파편을 다음 세균에게 주입까지는 합니다. 이 운수 좋은 세균은 바이러스 감염 대신에 다른 세균의 DNA 일부를 얻게 되지요.

세 번째 전달 방식은, 비유컨대 오지랖 넓은 특정 세균이 주도합니다. 주변에서 소통할 만한 세균을 발견하면 끌어당겨 밀착시킵니다. 그런 다음 마치 우주선이 도킹하듯 통로를 만듭니다. 말하자면, 서로 붙은 상태에서 자기 것은 물론이고 상대방 세균의 세포벽과 세포막에 구멍을 뚫는다는 말입니다. 상당히 복잡한 과정이지만, 전문 효소를 사용하여 놀랍도록 빠르고 정교하게 공사를 마치고, 일련의 유전자를 전달하죠. 이렇게 유전자가 넘어가면, 받은 세균도 그만큼 오지랖이 넓어집니다.

SANG MIN

거듭제곱의 위력과 현명한 선택

어떤 식으로든 일단 획득된 항생제 내성 유전자는 대물림되면서 계속 퍼져 나갑니다. 세균의 빠른 번식 속도 때문에 아주 짧은 시간만 지나도 새롭게 내성을 지닌 세균은 큰 무리를 이룹니다. 보통 세균은 세포가 자라서 적당한 크기가 되면 둘로 나뉘는 이분법으로 증식합니다. 가령 대장균은 최적 환경에서 약 20분마다 한 번씩 세포 분열을 하고 그때마다 개체 수가 두 배로 늘어납니다. 항생제에 내성이 있는 대장균 한 마리는 단 하루 만에 2^{72}마리, 곧 47해 2236경 6482조 8696억 5000만 마리로 불어납니다. 개체 수가 47해를 훌쩍 넘는, 어마어마한 무리가 만들어지는 것이죠. 이처럼 세균은 항생제 내성 유전자를 획득하자마자 순식간에 거대한 항생제 내성 세균 무리를 이룰 수 있습니다.

여기에 놓쳐서는 안 되는 아주 중요한 사실이 숨어 있습니다. 항생제가 내성 돌연변이를 일으키는 원인이 아니라는 점이죠. 항생제 공격으로 정상 세균이 사라지면 돌연변이 세균은 서식지를 독점해서 번성하게 됩니다. 말하자면 항생제는 결과적으로 내성 돌연변이를 유발하는 게 아니라 선택하는 겁니다. 돌연변이는 우연히, 그러나 필연적으로 발생합니다. 우리가 어찌할 수 있는 대상이 아니죠. 따라서 항생제 내성균의 발생을 최소화할 수 있는 최선책은 내성균에게 유리한 환경을 만들지 않는 것입니다.

세균과의 물고 물리는 전쟁 결과, 이제 항생제 내성 문제는 인류의 건강 및 생명과 직결되는 글로벌 이슈가 되었습니다. 또한 새로운 치료제나 방법 개발만으로는 항생제 내성균의 확산을 막을 수 없습니다. 이에 세계보건기구(WHO)를 비롯한 국제기구가 중심이 되어 항생제 사용에 관한 통일된 지침을 만들어 국제 공동 대응에 나서고 있습니다. 이런 노력이 결실을 보려면 지구 시민 모두가 항생제 올바로 쓰기에 적극적으로 참여해야 합니다.

'눈에는 눈, 이에는 이'라는 말이 있습니다. 세계 최초의 성문법으로 알려진 '함무라비 법전'에 나오는 조항이죠. 이런 처벌 방식을 정한 이유는 당시 무차별·무제한으로 행해지던 복수로 인해 발생하는 피해를 막기 위함이었습니다.

다시 말해, 입은 손해만큼만 보복하게끔 법으로 제한해서 더 큰 싸움을 예방하려는 목적이었습니다. 우리는 이 지구에서 사는 한 싫든 좋든 미생물 세상에서 살아야 합니다. 그러다 보면 이따금 미생물과 충돌할 수밖에 없죠. 이때 옛것을 익히고 그것을 통해 새것을 아는 온고지신(溫故知新)의 지혜를 되새겨볼 필요가 있습니다. 과잉 반응은 이 작은 고슴도치의 가시를 더 강하고 더 많아지게 할 뿐이니 말이죠.

“ 여러분! 위샘에서 분비되는 염산은 철사도 녹일 수 있을 만큼 강한 산성이라는 거, 다들 아시잖아요. 그런데 어떻게 염산이 소용돌이치는 위에서 미생물이 살 수 있다는 겁니까? 미생물이 강철보다 강하다고 말하고 싶은 건가요? 아니면 위 속에서 그 세균을 보았다는 의사의 시력을 문제 삼아야 하는 겁니까? ”

–마셜의 헬리코박터 논문을 퇴짜 놓은 학자의 변

제8강

선입견과 편견을 딛고 일견을 얻다

'백문이 불여일견'이라는 속담이 있습니다. 농담 반 진담 반으로 미생물에게 딱 맞는 말이라고 생각하곤 했습니다. 그런데 얼마 전 교양서적을 뒤적이다 이런 단세포적인 생각이 머쓱해지는 순간을 맞았습니다. 그 책 속 글을 그대로 옮겨봅니다.

> "사람은 마음속에 두 마리의 개를 키운다고 합니다. 한 마리의 이름은 '선입견'이고, 또 다른 하나는 '편견'입니다. 인간은 '선입견'과 '편견'이라는 거대한 감옥 속에서 살아갑니다. <중략> 이런 '선입견'과 '편견'이라는 두 마리 개를 쫓아 버리는 특별한 개가 있습니다. 개 이름이 좀 긴데, '백문이 불여일견'이라는 개입니다. 이 말은 '백 번 듣는 것보다 한 번 보

는 것이 낫다'는 뜻입니다. 직접 보지 않고 들은 얘기로 상대를 판단하면 큰 실수를 범합니다. 이 개의 애칭은 '일견'입니다."

라민식, 「누구와 함께 하시렵니까」(기독교문서선교회, 2018, 220~221쪽).

사실 과학자야말로 선입견과 편견에 사로잡히지 않고 대화 상대와 출처에 상관없이 새로운 정보를 받아들이고, 기존 과학적 지식에 대해서도 상상의 나래를 펼 수 있는 열린 자세를 가져야 합니다. 우리가 알고 있는 것보다 모르는 것이 훨씬 더 많으니까요.

그런데 이런 마음 자세를 올곧게 유지하는 게 결코 쉬운 일이 아닙니다. 그런 의미에서 앞서 소개한 파스퇴르나 코흐 같은 인물은 과학자의 모범을 보여주죠. 이런 사람들이 과학의 발전을 견인합니다. 말이 나온 김에 20세기 후반에 미생물학계에 있었던 선입견과 편견을 타파했던 일화를 소개할게요.

미생물에 대한 선입견을 깨다

위는 뽕망치 같은 주름과 유연한 근육 벽 덕분에 잘 늘어납니다. 맘껏 먹으면 윗배가 볼록 나오잖아요. 또한, 연속적으로 근육을 수축·이완시켜 들어온 음식물과 위액을 잘 섞어줍니다. 위샘에서 분비되는 위액에는 염산(HCl)이 들어 있어서 철사를 녹일 수 있을 정도로 강한 산성(pH2)을 띱니다. 따라서 음식물과 함께 들어온 미생물은 대부분 죽고 말죠. 인간의 입장에서 보면 일종의 방어 작용입니다. 그런데 단백질이 주성분인 근육으로 이루어진 위벽은 어떻게 강한 산성에도 멀쩡할 수 있을까요?

위벽 세포는 뮤신이라고 하는 점액을 분비하여 염산으로부터 위벽을 보호합니다. 그런데 과도한 음주와 흡연, 스트레스로 위산이 과다 분비되면 위점막이 손상될 수 있습니다. 이게 바로 흔히 말하는 속쓰림의 주요 원인이죠. 심하면 위염과 위궤양으로 이어질 수 있으니 절제하는 생활 습관이 건강 유지에 매우 중요합니다. 그런데 이런 위점막의 보호 기능을 이용하여 위 안에 살면서 행패를 부리는 불한당이 있어요. 바로 악명 높은 세균, '헬리코박터 파이로리(*Helicobacter pyroli*)' 입니다.

속(屬, genus)명 'Helicobacter' 는 그 모양이 '나선형(helix)' 임을 의미하고 종(種, species)명 'pyroli' 는 이 세균이 주로 유문(pylorus, 위와 십이지장의 경계 부분)에 서식해서 붙여진 이름입니다. 1979년에 처음으로 호주 출신의 병리학자 워렌(Robin Warren, 1937~)이 위에 사는 세균을 발견하고 자기 눈을 의심했습니다. 3년 뒤 역시 호주 의사 마셜(Barry Marshall)이 이 세균을 분리하여 순수 배양하는 데 성공했죠.

그런데 이게 웬일입니까? 이 새로운 연구 결과를 발표하려고 논문을 투고했더니, 혹평과 함께 퇴짜를 맞았습니다. 염산이 소용돌이치는 위에서는 어떤 생명체도 살 수 없다는 기존 학설을 철석같이 믿고 있던 대부분의 과학자들이 이들의 연구 성과를 좀처럼 믿으려 하지 않았던 것이죠.

마셜 박사는 헬리코박터 파이로리가 위염이나 심하면 위암까지 일으킨다고 확신했습니다. 그래서 그는 철옹성 같은 선입견에 맞서 자기 의견을 관철하기 위해 놀라운 실험을 감행합니다. 100여 년 전 코흐가 감염병의 인과관계를 밝히기 위해 실험용 쥐를 대상으로 했던 실험(43쪽 참조)을 기억하죠? 마셜 박사는 그 실험을 자기 자신에게 하기로 결심했습니다. 기꺼이 실험 대상이 된 마셜 박사는 사람들 앞에서 헬리코박터 파이로리 배양액을 한 컵 쭉 들이켰습니다.

당시 사람들의 생각처럼 위 속에서 생명체가 살 수 없다면 마셜이 배양액을 들이켜도 아무 문제가 없었을 것입니다. 그러나 예상과 달리 며칠 후 그에게 위염 증세가 나타났습니다. 마셜 박사는 내시경 검사를 통해 위염 발생 부위에 헬리코박터 파이로리가 자라고 있다는 것을 보여주었습니다. 그러고 나서 항생제를 복용하고 위염을 치료할 수 있었습니다.

결국, 마셜 박사는 과음과 스트레스 같은 환경 요인과는 별도로 헬리코박터 파이로리 감염도 위궤양의 원인이라는 사실을 자기 몸으로 직접 입증한 셈이죠. 그리고 감염에 의한 위궤양은 항생제로 치료해야 한다는 사실도 알아낸 겁니다. 이 공로로 마셜과 워렌 박사는 2005년 노벨생리의학상을 받는 영광을 안았습니다.

그렇다면 헬리코박터 파이로리는 어떻게 강한 산이 분비되는 위에서 살 수 있었을까요? 헬리코박터 파이로리가 위 속에서 살아가는 법은 이렇습니다. 우선 헬리코박터 파이로리는 끝부분이 도드라져 곤봉처럼 생긴 편모를 휘저으며 끈적한 위 점액 속을 헤엄쳐 점막층 안에 들어가 자리를 잡습니다. 위액 파도를 피해 방파제 뒤에 숨는 격이죠. 그런 다음 효소를 분비해 음식물에서 나오는 미량의 요소를 분해하여 암모니아를 만들어요. 암모니아는 염기성이니까 염산을 화학적으로 중화해서 헬리코박터 파이로리가 살 수 있는 환경을 만들어주는 것이죠.

마셜 박사가 당시의 고정관념을 깨고 스스로를 실험 대상으로 삼을 수 있었던 것은 그만큼 확신이 있었기 때문입니다. 그 자신이 의사였기에 위 조직 속에서도 세균 감염이 일어나는 것을 확인할 수 있었죠.

코로나 백신 개발의 초석을 다진 여성 과학자

편견과 선입견 속에서 확신을 가지고 연구를 했던 과학자 한 사람이 더 떠오르네요. 코로나 19 시대를 살아가는 요즘은, 온 국민이 백신 전문가가 된 듯합니다. 여러 백신 이름들을 두루 기억하는 건 말할 것도 없고, 그 작용 원리와 백신 간 장단점까지 거의 전문가 수준으로 꿰고 있는 사람들이 많습니다. 인류 역사상 최초로 사용하는 'mRNA 백신'까지도 말입니다. 그래도 혹시 모르는 독자들을 위해 바이러스 백신의 원리를 간단히 살펴보겠습니다.

과거 초창기 바이러스 백신은 사멸 또는 약화한 바이러스를 인체에 주입해 면역 반응을 유도했습니다. 그다음에는 바이러스 껍질(돌기 단백질) 만을 분리하여 백신으로 사용했죠. 이에 반해 RNA 백신은 인간 세포의 단백질 합성 과정을 활용합니다. 말하자면, 코로나 19 표적 단백질 정보를 지닌 전령RNA(mRNA)를 인체에 주입하여 단백질(항원)이 만들어지게 하는 겁니다.

세포에서 일어나는 생명 현상은 기본적으로 유전자 발현, 즉 DNA 염기서열에 담겨 있는(부호화된) 정보를 읽어내는 과정입니다. 이러한 정보의 전달은 두 단계를 거쳐 일어나죠. 우선 DNA에 있는 정보가 mRNA로 전해진 다음, 이 정보에 따라 세포질에서 단백질을 만듭니다.

mRNA 백신은 표적 RNA를 합성한 다음 기름 막으로 감싸서 주사액으로 만듭니다. mRNA는 구조가 매우 불안정하므로, 파손되기 쉬운 상품을 보호 상자에 담아 배달하는 것과 같은 이치죠. 인체에 들어오면 우리 세포가 mRNA에 있는 바이러스 유전 정보를 그대로 읽어 단백질(항원)을 합성하고, 이것이 면역 반응을 유도합니다.

2021년 현재, 우리에게 수호천사와 같은 mRNA 백신은 한 여성 과학자의 뚝심이 아니었다면 탄생할 수 없었을 겁니다.

1955년 헝가리 시골 마을에서 태어난 카리코(Katalin Kariko) 박사는 1970년대 학부생 시절부터 그 당시 발견된 지 10년 남짓 된 mRNA에 흥미를 느꼈답니다. 생명 정보를 mRNA가 전달한다는 사실에 끌렸던 그녀는 헝가리 세게드대학(University of Szeged)에서 박사 학위를 받고, mRNA 연구를 계속하고 싶었으나 모국에서는 지원받을 길이 없었습니다. 그래서 1985년, 서른 살의 나이에 남편과 두 살배기 딸과 함께 미국 펜실베이니아주로 이민을 왔습니다. 그리고 박사 후 과정을 거쳐 펜실베이니아대학에서 말단 연구원 자리를 얻어 여러 실험실을 전전하며 연구를 이어갔습니다.

하지만 미국에서의 연구 생활도 고난과 좌절의 연속이었습니다. 변변한 논문 실적도 없고, 정식 교수도 아닌 이민자 여성 과학자가 연구비를 수주한다는 건 하늘의 별 따기만큼이나 힘들었습니다. mRNA를 이용하여 백신을 만들겠다는 파격적인 아이디어는 주류 과학자들에게 터무니없는 헛소리로 들렸고요.

고군분투하던 카리코에게 1998년 드디어 행운의 여신이 미소를 지었습니다. 복사기 옆에서 복사물을 기다리던 중에 우연히 같은 대학 교수를 만나 대화를 나누게 되었죠. 카리코 박사는 자기를 RNA 전문가라고 소개했고, 의과대학의 와이즈만(Drew Weissman) 교수는 자기는 RNA 바이러스의 일종인 인간 면역결핍 바이러스(HIV) 백신을 개발 중이라고 말했답니다. 참고로 HIV는 '후천성 면역결핍증후군(AIDS)'을 일으키는 바이러스입니다. HIV 백신이란 말을 들은 카리코 박사는 mRNA로 HIV 백신도 만들 수 있다고 자신 있게 화답했답니다. 연구비가 풍족했던 와이즈만은 이내 그녀를 영입하여 공동 연구를 시작합니다.

실험실 연구는 대성공이었습니다. 문제는 이를 실용화하려는데, 관심을 두는 회사가 없다는 거였죠. 그러다 2013년 바이오엔테크(BioNTech) 설립자 샤인(Uğur Şahin)을 만나게 됩니다. 샤인도 터키에서 독일로 온 이민자였습니다. 샤인은 카리코의 연구 성과의 잠재력을 알아보고 그녀에게 수석 부회장직을 제안합니다. 물론 그녀는 바로 수락했죠. 얼마 후 바이오엔테크와 화이자가 협력 관계를 맺었고, 이렇게 해서 화이자 mRNA 백신 탄생 요람이 만들어졌습니다. 2021년 〈뉴욕 포스트〉 지와의 인터뷰에서 카리코는 이렇게 말했습니다.

"나는 내가 가진 것, 내가 사는 곳, 내가 하는 일을 좋아합니다. 아무것도 변하지 않을 겁니다."

이렇게 편견과 선입견에 맞서 뚝심 있게 연구를 해온 두 과학자의 이야기를 들으니 어떤가요? 감동과 영감, 그리고 희망이 전해지지 않나요?

방금 소개한 걸출한 두 과학자에 감히 비할 수는 없지만, 사실 저도 미국에서 유학할 때 주변인들의 걱정과 조언 때문에 불편했던 적이 있습니다. 한인 선배들은 제가 한국 유학생들이 잘 하지 않는 환경 미생물학을 공부하는 것이 못 미더웠는지 저를 만나면 꼭 한마디씩 했습니다. 환경 미생물학 같은 비주류 연구 말고, 노벨상에 근접한 연구를 하고 있는 다른 연구실을 알아보라고 말이죠. 하지만 저는 누가 뭐라든 내 길을 가고 싶었고, 그런 사람들이 많아져야 세상이 더 밝고 행복해질 것이라고 여전히 믿고 있습니다.

최근 30여 년간 인류가 새롭게 접하게 된 정보의 양이 인류 문명의 역사 시작부터 1990년대까지 알고 있던 정보량보다도 훨씬 더 많다고 합니다. 우리는 그야말로 정보의 홍수 속에 살고 있습니다. 그렇다면 지금 우리에게 가장 필요한 것은, 넘치는 정보를 꿰어 새로운 지식을 만들 수 있는 융합적 사고력, 즉 창의력 또는 상상력이 아닐까요? 이는 두 사례에서 보듯 '다르게 생각할 수 있는 능력'에서 맺어지는 열매입니다. 모르긴 몰라도 미래 사회에서 가장 필요한 인재는 다르게 생각할 수 있는 능력의 소유자일 겁니다. 제가 종종 하는 말놀이로 글을 맺겠습니다.

"앞으로는 이상(異想)하는 사람이 이상(異常)한 게 아니라 이상(理想)적일 겁니다!"

microorganism

“ 인간의 면역력을 오롯이 인간 혼자 만들어냈다고 생각하면 오산입니다. 면역은 타고난 인간 유전자와 우리 같은 다양한 미생물의 걸출한 합작품이죠. 인간이 인간 아닌 모든 존재를 배척하기만 한다면 평생 우리 미생물과 싸우다 생을 마감하고 말 거예요. ”

-인간 몸에 서식하는 인간미생물체의 경고

제9강

면역, 과잉보호가 스스로를 파괴한다

바깥세상에는 호시탐탐 우리 몸으로 침입 기회를 노리고 있는 미생물들이 널려 있습니다. 물론 우리도 이에 맞서 강력한 다중 방어 체계를 갖추고 있죠. 일부는 침입 자체를 봉쇄하도록, 어떤 것은 침입자를 제거하고 그 특징을 기억해 다음을 대비하도록 설계되어 있답니다. 이렇게 침입자에게서 우리 몸을 지키는 능력을 면역이라고 하고, 이를 담당하는 세포와 기관을 일컬어 면역계라고 합니다.

면역은 크게 선천성과 후천성으로 나뉩니다. 면역계를 성에 비유하면, 선천성 면역은 성벽 안쪽에 도랑을 만들고 거기에 피라냐 같은 사나운 물고기를 키우는 것과 같습니다. 좀 더 생물학적으로 말하면, 제1 방어선(성벽)은 피부와 점막이 맡고 있으며, 그 뒤를 백혈구(피라냐)가 주도하는 제2 방어선이 받치고 있죠. 선천성 면역은 상시 작동하면서 침입 대상을 가리지 않고 신속히 반응합니다.

살아가면서 길러지는 후천성 면역은 제1, 2 방어선을 뚫고 들어온 침입자에 대하여 특이적으로 반응하는 맞춤형 방어입니다. 보통 두고 보자는 사람은 무섭지 않다고 하잖아요. 그런데 면역계는 달라요. 진짜 두고 봅니다. 침입자를 잘 기억했다가 다음에 또 들어오면 전보다 훨씬 더 빠르고 강하게 응징합니다. 이처럼 후천성 면역은 침입자를 격퇴하는 단백질인 '항체'와 그것의 주요 특징(항원)을 기록하는 '기억세포'로 이루어집니다. 기억세포 덕분에 백신을 만들 수 있죠. 쉽게 말해서 백신이란 병원성이 없는 병원체의 일부, 즉 항원이고, 이를 미량 투입하여 기억세포를 만들어 대비하는 것이 예방 접종의 원리입니다.

복합 방어 기지, 점막

미생물의 처지에서 보면 우리 몸은 따듯하고 먹거리가 풍부한 좋은 서식지입니다. 따라서 이들이 기를 쓰고 들어와 살려고 하는 건 당연한 일입니다. 문제는 미생물이 몸 안에서 자라는 것이 우리에게는 치명적인 감염일 수 있다는 사실이죠. 최선의 방어는 침입 자체를 봉쇄하는 것이겠죠. 온전한 상태에서 피부와 점막은 가히 난공불락입니다. 하지만 상처나 스트레스 따위가 이 철옹성에 균열을 내곤 합니다.

구조를 놓고 보면, 인체와 건물은 닮은꼴입니다. 건물은 겉에서는 보이지 않는 온갖 내부 배관을 통해 입주민에 필요한 물과 전기를 공급하고 환기와 오수를 배출합니다. 마찬가지로 우리 몸에서 신진대사가 제대로 이루어지려면, 위장관과 호흡기관을 통해 양분을 흡수하고 배설물을 내보내야 합니다. 여기서 짚고 넘어가야 할 사실이 하나 있습니다. 신체 배관의 내부 공간은 엄연히 몸 밖이라는 점입니다. 고개가 갸우뚱해진다면 크게 심호흡을 한번 해보기 바랍니다. 가슴 속에서 시원함이 느껴지는 그곳이 지금 외부 공기와 접하고 있는 기관지의 내벽입니다. 이렇게 외부와 직접 맞닿아 있는 신체 기관의 내벽은 모두 부드럽고 끈끈한 조직으로 덮여 있습니다. 바로 점막이죠.

점막을 이루는 세포는 끈끈한 액체(점액)를 분비하여 표면이 마르지 않게 할 뿐만 아니라 미생물을 가두어 감염을 예방합니다. 이건 시작에 불과하죠. 점막은 단순한 물리적 방어막이 아니라, 세균의 세포벽을 파괴하는 효소(라이소자임)에서부터 항균과 항바이러스, 항암 기능까지 갖춘 다기능 단백질(락토페린)에 이르기까지 다양한 항미생물 물질을 분비하는 복합 방어 기지입니다. 그러므로 촉촉해야 할 점막이 마르면 그만큼 바이러스 같은 병원체의 침투에 취약해집니다. 실내 환경의 적정 습도를 유지하고, 물을 자주 마시는 것을 호흡기 감염 예방 수칙 일 순위로 추천하는 이유가 여기에 있습니다.

우리 몸의 최전선에 서 있는 마이크로 동맹군

만약 우리 눈이 현미경만큼 좋다면 우리가 서로 바라보는 것 자체가 불편한 일이 될 겁니다. 얼굴 표면에서 꼬물거리는 수많은 미생물이 한눈에 들어올 테니 말이죠. 피부와 점막을 비롯한 인체 표면은 온통 미생물로 덮여 있답니다. 이렇게 우리 몸에 사는 미생물을 통틀어 '휴먼 마이크로바이옴(Human Microbiome)' 또는 '인간미생물체'라고 합니다.

인간미생물체에게 우리 몸은 집이자 식량 공급원입니다. 이들은 본능적으로 자기 삶의 터전에 외래 미생물이 접근하지 못하도록 합니다. 일단 홈그라운드 이점을 살려 공간과 먹이를 선점하고, 침입자에게 해로운 물질을 만들어내기도 하죠. 결과적으로 이런 텃세는 선천성 면역에 큰 힘을 보태게 됩니다. 사실상 인간미생물체는 제1 방어선의 최전선에 서 있는 든든한 동맹군입니다.

인간미생물체는 역동적이면서도 안정적입니다. 식단 변화와 질병, 스트레스 등 살면서 겪는 일시적 신체 변화에 따라 그 조성이 변하지만, 대부분은 원래의 평형 상태를 회복합니다. 보통 세 살까지 형성된 인간미생물체, 특히 장내 미생물은 이후 안정적으로 유지된다고 합니다. 이 대목에서 세 살 버릇 여든까지 간다는 우리 속담과 더불어 이런 생각까지 드네요.

"우리는 인간 세포와 이보다 훨씬 더 많은 미생물 세포가 어우러진 공동체적 개체이다!"

20만 년 동안 진화한 인간의 면역계

현대 생물학은 우리가 인간 세포와 갖가지 미생물 세포로 이루어진 기능 공동체라는 사실을 밝혀냈습니다. 이 두 부류 세포는 서로 차원이 다른 유전자를 가지고 있습니다. 그만큼 생물학적 특성도 다릅니다. 그런데 이상하게도 '자기(self)'와 '비자기(nonself)'를 철저하게 구별하여 비자기로부터 자기를 보호하는 우리의 면역계가 인간미생물체는 인간 세포인 양 그대로 내버려 둡니다. 분명히 '유전적 비자기'인데 말이죠. 직무유기가 아니라면, 인체 면역계는 자기를 '나'가 아니라 '우리'라는 개념으로 판단하는 것 같습니다. 여기서 말하는 우리란, 학연과 지연 같은 연고 중심의 패거리가 아니라, 조화로운 공존과 번영에 이바지하는 건전한 구성원들을 아우릅니다.

인체 면역계는 대략 20만 년으로 추정되는 호모 사피엔스의 생물학적 역사 기간 동안 다양한 미생물과 수많은 만남 속에서 다듬어진 오랜 진화의 산물입니다. 인간 사회에서 각양의 사람들을 만나다 보면 친구로 발전하는 좋은 인연도 있지만, 때로는 피해를 보는 악연도 마주하게 됩니다. 이런 인생 경험은 타인에 대한 올바른 판단을 내리는 데 적잖이 도움을 주죠. 우리의 면역계도 마찬가지입니다. 인간은 다양한 미생물을 만나면서 우리에게 다가와 손 내미는 온갖 미생물의 참모습을 판단하는 능력을 키워왔죠. 이를 곱씹어 생각하면 전투적 이미지에 가려진 면역의 또 다른 모습이 보일 것입니다. 바로 타자와의 공존 능력입니다. 나 아닌 모든 존재를 배척하기만 한다면, 우리는 평생 쉼 없이 미생물과 싸우다 생을 마감하고 말 겁니다.

코로나 19 사태 속에서 '면역력'이 큰 화두로 떠올랐습니다. 솔직히 '면역력'이라는 단어는 다소 낯섭니다. 교과서에서는 사용하지 않거니와, '역전앞'이나 '처갓집'처럼 겹말로 들리기 때문이죠. 추측하건대 면역의 중요성을 강조하기 위해 누군가 사용한 말이 대중의 호응을 얻은

SANG MIN

것 같습니다. 용어의 시비를 따질 의도는 전혀 없습니다. 다만 미생물 변호를 자처하는 미생물학자로서 이 단어가 어감상 면역의 공격적인 측면을 부각해 자칫 면역에 대한 편견을 부추기지 않을까 우려될 따름입니다. 특히 바로 뒤에 '강화'라는 단어가 따라붙으면 더욱 그렇죠.

면역에 대한 관점 바꾸기

면역은 배타와 수용이라는 양가성을 가지고 있습니다. 어느 쪽으로 얼마만큼 갈지는 유해 정도에 달려 있죠. 다시 말해, 면역 반응의 방향과 강도는 이질성이 아니라 위험성에 따른다는 얘기입니다. 그래서 인간미생물체가 큰 범위의 우리 안에 포함될 수 있죠.

이처럼 유전적 비자기가 면역적 자기로 동화되는 현상을 '면역 관용'이라고 합니다. 이와는 반대로, 유전적 자기가 면역적 비자기로 인식될 수도 있습니다. 대표적으로 면역계가 자신을 공격하는 '자가면역' 질환이 그런 경우죠. '자기-비자기'라는 이분법적 잣대의 한계를 여실히 보여주는 증거들입니다.

면역을 제대로 이해하기 위해서는 고정 관념의 틀에서 벗어난 새로운 시각이 필요합니다. 왜냐하면, 인체에서 자기라는 것은 애당초부터 비자기들이 자기화된 것이며, 비자기라는 것도 자기와 무관하지 않기 때문입니다. 말하자면, 면역은 타고난 인간 유전자와 다양한 미생물의 합작품입니다.

비유컨대, 이건 초대형 오케스트라 연주와 같습니다. 준비된 정기 공연은 물론이고 수시로 즉흥 연주도 해야 합니다. 이때 아름다운 화음은 건강의 초석이지만, 불협화음은 질병을 부르는 손짓이 되겠지요. 그렇다면 이 오케스트라의 지휘자는 우리가 되어야 하지 않을까요? 우리가 면역계의 지휘자 역할을 제대로 하려면 지휘자가 오케스트라 구성원을 꿰고 있는 것처럼 우리도 인간미생물체를 잘 알아야 하겠죠. 그러니 이들에 대해 좀 더 살펴보도록 하죠.

2부

우리가 정말 몰랐던 미생물의 세계

microorganism

“내가 사는 곳은 인간의 콧속이에요. 호시탐탐 피부로 진출해 보려고 노리고 있는데, 쉽지 않네요. 피부에 살고 있는 표피포도상구균 때문에요. 내가 피부에 붙어 보려고 접착제 단백질을 뿌리면, 그 친구가 단백질 분해 효소를 뿌려서 다 제거해 버려요. 항균 물질도 무차별로 쏘아대고요. 다 먹고 살자고 하는 일인데, 같은 미생물끼리 꼭 이래야만 하나요?”

-피부 진출을 노리는 황색포도상구균이 하는 말

제10강

이이제이, 의외의 장소에서 조력군을 만나다

건조하고 일교차가 큰 환절기 날씨 변화에 가장 빠르게 그리고 직접 영향을 받는 인체 부위는 아마도 피부일 겁니다. '피부 건조주의보'라는 말이 있을 정도니까요. 피부는 다양한 신체 기능을 수행합니다. 앞장에서 본 대로, 우선 면역계의 제일선으로서 우리의 몸을 감싸 보호하죠. 피부의 단열 및 발한 작용은 체온 조절에 중요한 요소이고, 인간의 원초적 느낌인 촉각도 피부 감각에서 비롯됩니다. 게다가 적당한 햇빛을 받으면 피부는 비타민 D도 합성해냅니다.

그런데 얄궂게도 정작 피부 건강과 기능을 완성하는 것은 미생물입니다. 피부를 비롯한 인체의 표면은 온통 미생물로 덮여 있다고 이미 말했죠. 생태학적으로 말하자면, 우리의 몸은 여러 생태계로 이루어진 복합체입니다. 각 생태계에는 고유한 미생물 집단이 있습니다. 이런 인간미생물체는 자기 삶의 터전을 가꾸고 보호하고자 외래 미생물이 자리 잡지 못하게 합니다. 우리로서는 유능한 마이크로 경비원의 보호를 받는 셈이죠. 요컨대, 이들과 우리는 전략적 동맹 관계입니다.

피부 건강 지키는 마이크로 경비원

가장 큰 인체 기관인 피부는 미생물에게 다양한 서식 환경을 제공합니다. 겨드랑이와 샅은 축축합니다. 이에 비해 몸통과 팔다리는 훨씬 건조하죠. 흡사 지구의 열대우림과 사막 생태계를 보는 듯합니다. 상대적으로 피지 분비가 많은 얼굴은 기름기로 특화된 생태계입니다. 성인 평균 $2m^2$ 남짓인 전체 피부 표면적 가운데 팔다리와 머리가 각각 50%(양다리 35%, 양팔 15%)와 10% 정도를 차지하고, 나머지가 몸통에 해당합니다.

피부 미생물 생태계의 형성은 분만 과정에서부터 시작됩니다. 젖산균을 필두로 산도(産道)에 있는 미생물들이 아기의 피부를 덮습니다. 아기가 태어나 자라면서 보듬어주는 이들과 주변 환경에서 미생물이 유입되면서 피부 미생물 생태계가 차츰 모습을 갖추어 가죠. 다시 말해, 피부 미생물의 다양성이 증가하고 그 조성도 신체 부위별로 특화됩니다. 이렇게 만들어진 피부 미생물 생태계는 사춘기에 큰 변화를 겪게 됩니다. 사춘기에 이르면 호르몬 수치가 높아지면서 피지의 분비가 증가합니다. 이에 따라 기름기를 좋아하는 미생물이 자연스레 늘어나죠. 새로운 미생물이 자리를 잡는 것인지, 기존 미생물 조성의 비율이 변하는 것인지는 아직 불분명합니다.

성인을 대상으로 2년여에 걸쳐 관찰 분석한 결과, 전반적으로 피부 미생물의 조성은 크게 요동치지 않고 유지되는 것으로 나타났습니다. 피지가 많은 곳이 특히 더 안정적이었습니다. 피지는 지방과 단백질, 염분 등이 섞여 있는 혼합물입니다. 피지는 피부와 모발 표면에 기름 막을 형성하여 보습 및 보호 기능을 하죠. 피지 성분에 포함된 지방산 때문에 피부는 산성을 띱니다. 이 때문에 뜨내기 미생물이 발붙이기 어렵답니다.

피부에 거주해도 좋다는 허가를 받다

미생물의 인체 거주 허가권은 우리 면역계가 쥐고 있습니다. 조화로운 공생을 위해서는 건실한 구성원을 선별해야 하는데, 그 기준으로 면역계는 병원성 미생물에서 공통으로 나타나는 고유한 특징을 이용합니다. 이를 생물학 용어로 '병원체 관련 분자 패턴(pathogen-associated molecular pattern, PAMP)'이라고 부르는데, 미생물 표면에 있는 특정 구조물과 성분 따위입니다. 그냥 쉽게 말해서 도깨비 하면 떠오르는 뿔 정도로 생각하면 됩니다.

피부에서는 가장 바깥 표면, 즉 표피를 이루는 주요 세포 가운데 하나인 각질 형성 세포가 미생물 심사에 제일 먼저 나섭니다. 만약 병원성으로 판정되면 선천성 면역 기능이 작동하여 항생 물질이 분비되죠. 참고로 각질 형성 세포는 표피의 맨 아래에 있는 줄기세포에서 유래하여, 통상 2주에 걸쳐 증식하고 분화하면서 표피의 맨 바깥인 각질층으로 이동합니다. 그리고 다시 2주 정도가 지나면 피부 표면에서 떨어져 나갑니다.

이게 각질의 정체입니다. 새 피부가 꾸준히 생겨나고 있다는 생생한 증거죠. 이렇게 떨어져 나간 피부세포와 미생물, 먼지 따위가 뒤섞인 게 바로 '때'이니, 지저분하다고 눈살을 찌푸리지만 말고 생물학적인 의미를 생각하며 수시로 마음을 새롭게 하는 것도 좋을 것 같네요.

피부에 거주해도 좋다는 허가를 받은 미생물은 면역계의 교육 훈련에 중요한 역할을 합니다. 우리 면역계는 실전 경험이 없는 미완의 상태로 세상에 데뷔하죠. 비유로 말하면 학교를 졸업하자마자 갓 입사한 신입사원과 같은 처지입니다. 피부 미생물은 이런 초보 면역계에게 맞춤형 체험 학습 기회를 제공하여, 미생물에 대한 올바른 판단 능력을 길러줍니다.

예를 들어 성인의 피부 표면에 가장 많은 표피포도상구균은 '인터류킨'의 합성을 유도하는 것으로 밝혀졌습니다. 이 단백질은 몸 안에 들어온 미생물이나 해로운 물질에 맞서 싸우도록 면역계를 자극하는 기능을 하죠. 표피포도상구균이 장차 마주치게 될 온갖 미생물 대처법을 기를 수 있도록 일종의 모의 훈련을 시행하는 셈이죠.

실제로 무균 실험용 쥐 표피에 표피포도상구균을 바르면 곰팡이와 기생충 감염에 대한 내성이 더 강해집니다. 흥미롭게도 표피포도상구균을 피하에 주입하면 염증 반응이 나타납니다. 이것은 비록 유익균이라 하더라도 허락된 거주지를 벗어나 체내로 들어가면 면역계의 공격 대상이 된다는 것을 의미합니다. 다시 말해, 아무리 선한 미생물이라도 잘못된 장소에 있으면 모두 병원균 취급을 받게 된다는 얘깁니다.

항생제 내성 병원균과 싸울 수 있는 신무기 발견

미국 국립보건원은 인간미생물체의 변화와 우리 건강의 상관관계(궁극적으로는 인과 관계)를 조사하기 위해 10년에 걸쳐(2007~2016) '휴먼마이크로바이옴 프로젝트(Human Microbiome Project, HMP)'를 진행했습니다. 연구진은 건강한 미국인 자원자 240여 명을 대상으로 피부, 입속, 콧속, 대장, 생식기 등 여러 신체 부위에서 5천 개 이상의 시료를 채취해 미생물 유전자 분석을 진행했어요. 그 결과, 총 1만 종 이상의 미생물이 인체에 거주하고 있다는 것을 알아냈고, 이들 사이의 상호작용이 인체미생물 생태계의 균형과 조화를 이루는 근간이 되는 것으로 밝혀졌습니다. 이들은 모두 제각기 살 구멍을 찾아 연대와 협력, 경쟁을 벌이고 있는 것이죠.

피부에서는 포도상구균을 둘러싼 미생물 간의 힘겨루기가 잘 알려져 있습니다. 포도상구균은 건조도와 염분, 자외선 등 여러 환경 스트레스에 상대적으로 잘 견딥니다. 이런 특성은 피부 표면에서 살아가는 데 안성맞춤이죠. 그래서 보통 피부에 사는 미생물의 90% 정도가 포도상구균입니다. 현재까지 알려진 약 40여 종의 포도상구균 가운데, 피부에는 착한 종인 표피포도상구균이 주로 살고 있습니다. 그런데 호시탐탐 피부 침략 기회를 노리고 있는 나쁜 포도상구균도 있어요. '황색포도상구균'을 한 번쯤은 들어 봤을 줄 압니다. 여름철 식중독 뉴스에 등장하는 단골손님이니까요.

유감스럽게도 인류의 약 5분의 1 정도는 황색포도상구균을 콧속에 늘 지니고 있다네요. 나머지 대다수 사람에게는 일시적으로 있기도 하고,

전혀 없기도 하고요. 이런 차이는 개개인의 면역계 특이성 때문으로 보입니다.

문제는 이 불한당이 영역을 확장하려고 호시탐탐 노리고 있다는 겁니다. 게다가 끼리끼리 모인다고, 여드름균이 황색포도상구균을 뒤에서 부추깁니다. 황색포도상구균이 난동을 일으키면 그 틈새를 파고들겠다는 속셈이죠. 물론 우리 면역계가 이를 가만두지는 않습니다. 이들의 세 규합을 막고자 항균펩티드(15~40개의 아미노산으로 이루어진 항생 물질)를 내뿜어요. 하지만 이것만으로는 역부족입니다. 다행히 착한 표피포도상구균과 그 친구들이 큰 힘을 보태줍니다.

황색포도상구균이 피부에 부착하려고 접착제 단백질을 분비하면, 표피포도상구균은 단백질 분해 효소로 응수해 이를 제거하고 또 다른 항균 물질도 내보냅니다. 표피포도상구균의 친구들은 '루그더닌(lugdunin)'이라는 새로운 항생제로 황색포도상구균에게 치명타를 날립니다. 일반적으로 황색포도상구균은 기존에 알려진 거의 모든 항생제에 내성이 있는데, 뜻밖에도 루그더닌에는 속수무책입니다. 이건 우리에게 피부 건강 이상의 의미를 지닙니다. 의외의 장소에서 항생제 내성 병원균과의 싸움에 쓸 수 있는 신무기를 발견했기 때문입니다.

피부 미생물 생태계의 건강성과 안정성이 피부 건강의 기본이라는 사실은 생태학적으로는 지극히 당연합니다. 임상적으로도, 피부 미생물 생태계의 교란이 아토피 피부염과 건선, 여드름, 비듬과 같은 여러 피부 질환의 주원인으로 지목되고 있습니다. 특히 피부 미생물 다양성이 감소하면서 황색포도상구균이 늘어나면 사태가 더욱 심각해진다고 합니다. 우리는 이제 막 피부 미생물이라는 요지경 속을 들여다보기 시작했습니다. 얽히고설켜 있는 이들의 관계와 그 기능에 대해 궁금한 것투성이죠. 무엇보다 어떤 미생물이 피부 건강에 어떤 영향을 미치는지를 어떻게 알아낼 수 있을까요?

피부 상태가 아주 좋은 사람과 피부 트러블로 고생하는 사람들의 피부 미생물을 비교해보면, 착한 미생물과 나쁜 미생물 후보군을 일차적으로 가려낼 수 있을 겁니다. 그다음 선별된 미생물을 분리하여 전체 유전자를 해독합니다. 여기서 얻은 정보를 유전 정보 빅데이터 기반으로 분석하면, 가려진 비밀로 한 걸음 더 다가설 수 있습니다. 사실 피부 미생물을 조율하여 피부 건강을 유지하고 증진하려는 연구가 이미 활발하게 진행되고 있답니다.

“그곳에 살고 싶다. 그곳에 가면 등 따습고 배부르다. 여기저기에서 졸졸 샘물이 흘러나온다. 먹거리는 온천지에 널려 있다. 미끈한 돌산 밑동마다 아늑한 쉼터가 즐비하다. 한복판에 펼쳐진 폭신하고 널따란 평원은 또 다른 낙원이다. 아, 그곳에 살면 세상 부럽지 않다.”

-입속 입주를 꿈꾸는 구강 미생물이 하는 말

제11강

혼밥하는 사람은 있어도 혼자 사는 미생물은 없다

현충일 사흘 뒤인 6월 9일은 '구강보건의 날'입니다. 광복 이듬해인 1946년, 당시 조선치과의사회(대한치과의사협회의 전신)는 여섯 살 즈음에 나오기 시작하는 영구치를 잘 관리해서 평생 건강하게 사용하자는 의미를 담아 어금니의 한자 구치(臼齒)의 '구'를 숫자화해 6월 9일을 택했다고 합니다. 2016년 정부는 구강 보건에 대한 국민의 이해와 관심을 높이기 위해 이날을 법정기념일로 지정했습니다.

흔히 이가 튼튼한 건 오복에 든다고 하죠. 나머지 네 가지 복이 무엇인지 궁금해 조사를 해 보니, 오복이 기록된 가장 오래된 자료는 사서삼경 가운데 하나인 『서경』이더군요. 이 고서에서는 행복한 인생의 조건으로 수(壽), 부(富), 강녕(康寧), 유호덕(攸好德), 고종명(考終命) 이렇게 다섯 가지를 말하고 있습니다.

장수와 부유함, 건강 다음에 나오는 '유호덕'은 덕을 좋아하여 즐겨 행함, 진정으로 남을 위해 베풂을 이르는 말입니다. 마지막으로 '고종명'은 제 명대로 살다가 편안히 죽는 것을 이릅니다. 그러고 보니 치아에 대한 언급은 없네요. 하지만 이가 좋아야만 건강할 수 있으니 건치는 오복의 하나를 넘어 건강의 기본이라는 생각이 듭니다. 100세를 넘어 120세를 바라보는 고령화 시대를 맞이한 요즘은 더욱 그렇지 않을까요?

그곳에 살고 싶다

"그곳에 가면 등 따습고 배부르다. 여기저기에서 졸졸 샘물이 흘러나온다. 먹거리는 온천지에 널려 있다. 미끈한 돌산 밑동마다 아늑한 쉼터가 즐비하다. 한복판에 펼쳐진 폭신하고 널따란 평원은 또 다른 낙원이다. 아, 그곳에 살면 세상 부럽지 않다."

미생물 입장에서 상상해본 우리 입 속 모습입니다.

입은 우리가 식도락을 즐기는 곳이니, 미생물 입장에서도 먹이가 아주 풍부한 젖과 꿀이 흐르는 낙원이겠지요? 아울러 치아와 잇몸, 혀는 미생물이 살 수 있는 다양한 서식지를 제공합니다. 실제로 입에는 어림잡아 1천 종류에 달하는 미생물이 살고 있습니다. 이들은 하루에 대략 1ℓ 정도 분비되는 침을 타고 입안 구석구석을 방랑하지요. 찻숟가락 하나 분량의 침에 대략 5억 마리 정도의 미생물이 헤엄치고 있다고 보면 됩니다.

인간은 초등학교 입학 전후로 이갈이를 하는데, 간니(영구치)는 그 자리에서 그대로 평생을 버텨야 합니다. 부위에 따라 짧게는 2주, 길게는 4주 정도 간격으로 재생되는 피부와 극명한 대조를 이루죠. 미생물 입장에서는 몇 주 사이에 떨려 나갈 위험이 있는 피부보다 평생 한 자리에 정착해서 살 수 있는 치아가 훨씬 살기 좋은 곳입니다. 한마디로 입 속은 미생물 입주 영순위인 셈이죠.

미생물이 밀집해 살아가는 미생물 도시

"인간은 사회적 동물이다."

고대 그리스 철학자 아리스토텔레스가 2300여 년에 전에 이런 말을 남겼습니다. 감염병 시대를 맞아 비대면과 거리 두기, 격리가 일상이 되어버린 요즘, 인간은 타인과의 관계 속에 존재한다는 이 말의 의미를 새삼 절감합니다. 그런데 인간만 그런 게 아닙니다. 동물은 물론이고 심지어 우리가 하찮게 여기는 미생물까지도 다른 것들과의 관계 속에서 살아갑니다.

실제로 인간은 종종 '혼밥'을 하기도 하고, 개인주의로 살아가기도 하지만, 자연환경에서 뿔뿔이 흩어져 외톨이로 살아가는 미생물은 거의 없습니다. 이들은 주로 한데 어울려 부대끼며 살아갑니다.

'생물막(바이오필름, biofilm)'이 이런 생활 방식을 잘 보여주죠. 생물막은 수분이 충분한 환경에 있는 고체 표면에 자연스럽게 만들어집니다. 비유

로 설명하면, 생물막은 물풀(점액질)에 모래알(미생물)이 섞인 겁니다.

생물막은 다양한 미생물(주로 세균)이 조직화하여 함께 작용하는 기능 공동체입니다. 여러 구성원이 협력하여 효율적으로 일을 수행한다는 뜻이죠. 이런 면에서 생물막은 인간이 생활하는 도시와 닮았습니다. 생물막에서 미생물은 저마다의 '생태 지위'를 발휘하죠. 생태 지위란 어떤 생명체가 주어진 환경에서 무엇을 어떻게 하며 살고 있는가를 설명하는 개념인데, 인간 사회로 치면 직업에 해당합니다. 일자리에 따라 우리가 거주 환경을 옮기는 것처럼 미생물도 필요에 따라 수시로 생물막을 드나듭니다.

예를 들어 생물막을 지나쳐 가는 미생물은 그 생물막에 자기에게 맞는 생태 지위가 있는지 먼저 탐색합니다. 그런 다음, 환경이 맞으면 자리를 잡습니다. 이렇게 새로운 구성원이 들어오고 또 이들이 자라면서 생물막은 양적, 질적으로 성장합니다. 생물막을 이루는 미생물 집단은 흔히 기둥과 같은 구조를 만들어요. 그러면 그사이 공간을 통해 영양분이 유입되고, 노폐물이 배출되는 게 가능해지죠. 또한, 생물막 일부가 주기적으로 떨어져 나가서 새로운 곳에 미생물 신도시를 세우기도 한답니다.

치아 표면에 생기는 미생물 서식지

이런 생물막 중에서도 미생물들이 살기 좋고 입지가 좋은 곳으로 소문난 곳 중의 하나가 바로 치아 표면이죠. 치아 표면에 생기는 생물막이 구강 위생용품 광고에 단골로 등장하는 거 아나요? 바로 '치태(플라크)' 입니다. 치태는 충치 발생의 불길한 징조입니다. 이 고약한 생물막은 보통 스트렙토코커스 뮤탄스(*Streptococcus mutans*)라는 세균이 붙으면서 시작됩니다.

'충치균' 으로 알려진 뮤탄스는 설탕 마니아입니다. 설탕을 냠냠 먹고 끈적끈적한 당류를 뱉어내죠. 뮤탄스가 늘어날수록 끈끈이도 많아져 다양한 세균이 점점 더 많이 들러붙어요. 이렇게 치태가 축적되어 석회화되면 치석이 되는 거지요.

치태에는 400종 이상의 세균들이 엉겨 붙어 살고 있습니다. 이들 가운데에는 설탕을 젖산으로 바꾸는 것들도 있죠. 젖산은 치아 보호 코팅 물질인 법랑질(에나멜)을 부식시켜요. 불소가 부족하면 법랑질은 산의 공격에 더 취약해지죠. 그래서 치약에 불소를 넣는 겁니다.

침은 산을 중화시키고 희석해 젖산의 공격에서 치아를 보호합니다. 또한, 침에는 세균을 파괴하는 효소와 항균 물질이 들어 있어서 세균의 수를 줄여주기까지 하죠. 그런데 치태가 침의 투과를 막는 장벽 역할을 하므로 그 안쪽에 있는 세균들은 침의 정화 작용을 피해 편하게 일상 활동을 계속하게 됩니다.

치태가 어느 정도 쌓이면 충치가 시작됩니다. 그냥 놔두면 충치균이 안으로 계속 파고 들어가요. 부식이 잇속까지 퍼지게 되면 사태가 아주 심각해집니다. 잇속에는 혈관과 신경이 많이 분포되어 있어 자극에 예민합니다. 쉽게 말해서 많이 아프다는 얘기입니다. 제대로 치료하지 않으면 종국에는 잇몸까지 상하게 되어 구강 건강이 총체적 난국에 빠지고 말죠.

현대인들에게 오히려 더 흔한 감염병

이렇듯 충치는 오늘날 인간에게 가장 흔한 감염병입니다. 하지만 근대 이전에는 충치가 그다지 흔치 않았다고 하네요. 더 오래전에 살았던 인간의 유골에서는 10명 가운데 1명꼴로 충치가 발견되었고요. 위생 상태가 좋지 않았던 옛날에 비해 오늘날 인류에게 충치가 더 많은 이유는 무엇일까요? 모두가 예상하듯 식습관의 변화, 특히 과도한 설탕 섭취가 충치가 급증한 주요 원인으로 지목되고 있습니다.

식문화가 발달한 현대 사회에서 설탕은 여러 가지 음식에 들어갑니다. 다행히 하루 세끼를 먹으면서 섭취하는 설탕 정도는 구강 건강에 큰 부담을 주지 않는다고 합니다. 문제는 간식을 통해 연이어 들어오는 설탕이죠. 이 덕분에 입속 설탕 마니아들이 온종일 파티를 즐기게 되니까요. 그럴수록 우리는 충치에 취약해지는 거고요. 무균동물 실험은 이런 사실을 명확하게 보여줍니다. 입안에 미생물이 전혀 없는 실험동물은 설탕이 듬뿍 들어 있는 먹이를 계속 먹어도 충치가 생기지 않거든요.

충치 예방의 기본은 설탕 섭취를 절제하고 이를 잘 닦는 것입니다. 요컨대 뮤탄스는 깨끗한 이에는 잘 붙지 못합니다. 또 이 세균은 잇새와 잇몸 주머니(이와 잇몸 사이의 틈새)처럼 침과 물, 양치 따위로 잘 씻겨나가지 않는 치아 부위를 좋아합니다. 식후 올바른 양치질이 필요한 명확한 과학적 이유죠. 혹시라도 구강 청정제 입가심만으로 어찌해보려는 생각은 얼른 접어 두기 바랍니다. 공기청정기만으로 방을 깨끗하게 유지할 수 없듯이 구강 청정제만으로 입 속을 청결하게 할 수는 없으니까요.

같은 미생물 다른 관계, 기묘한 이야기

혹시 'WEIRD'라는 영어 단어를 아나요? 한 단어로 쓰이면 '기묘한'이라는 뜻을 가진 형용사입니다. 그런데 이를 약자로 쓰면 전혀 다른 뜻이 됩니다. 이 용어를 풀어보면 '교육 수준이 높고 산업이 발달했으며 부유하고 민주주의가 지배하는 서양(Western, Educated, Industrialized, Rich and Democratic)'을 뜻합니다.

그거 아세요? 많은 분야의 학술 연구가 주로 이들을 대상으로 이루어져 왔다는 사실 말입니다. WEIRD 지역의 인구는 기껏해야 전 세계 인구의 13% 정도에 불과한데도 말이죠. 물론 구강 미생물 연구도 예외가 아니죠.

2018년, 현대 문명과 상당히 떨어져 각각 수렵과 농경 생활을 하는 사람들의 구강 미생물 연구 결과가 발표된 적이 있습니다. 이 논문에 따르면, 수렵인은 서구인과 비교하면 훨씬 더 많은 종류의 미생물을 입속에 머금고 있습니다. 농경인의 구강 미생물 다양성 정도는 이 둘 사이 중간쯤에 있다고 합니다.

그동안 입속에 사는 미생물의 종류가 늘어나는 것은 구강 건강이 약해지는 증거로 간주해왔습니다. 그래서 정기 청소를 하듯 주기적으로 구강 미생물 생태계를 전면 재정비하는 게 좋다고 믿었죠. 물론 'WEIRD에 사는 사람' 기준입니다.

그런데 이 연구에서 조사한 수렵인들은 WEIRD에 사는 사람들보다 구강 미생물이 더 많은데도 모두 건강한 치아를 가지고 있었습니다. 무엇보다도, 그동안 유해균이나 병원균으로 치부되었던 미생물들이 그들 자연인들에게는 함께 살아가는 평범한 구성원으로서 어엿한 역할을 하고 있었습니다. 말하자면, 충치나 잇몸병을 일으키는 불량 미생물도 환경 조건에 따라서는 다른 양상을 보인다는 얘기죠.

이쯤에서 학창 시절에 배운 고사가 하나 떠오르네요.

중국 전국시대 제나라의 유명한 재상이 사신으로 초나라를 방문했을 때의 일입니다. 제나라 출신 절도범을 끌어다 놓고 왕이 물었습니다.

"죄인은 어느 나라 사람인가?"

절도범이 제나라에서 왔다고 답하자, 이번에는 제나라의 재상에게 물었습니다.

"제나라 사람들은 본래 도둑질을 잘합니까?"

그러자 재상이 답했습니다.

"강남에서 자라는 귤나무를 강북에 옮겨 심으면 탱자가 된다고 합니다. 저 사람도 원래는 선량했는데, 여기에 와서 도둑이 되고 만 것 같습니다."

유세를 부리려던 왕은 재상의 말에 정중히 사과했다고 합니다.

보통 감염병은 외부에서 침투한 미생물이 일으킵니다. 이에 반해 충치와 잇몸병의 원인은 입안에 사는 미생물이 제공하죠. 하지만 범인을 콕 집어 말하기는 힘듭니다. 입 속에서 일어나는 감염병들은 구강 미생물 사이에서 일어나는 역동적이고 기묘한 관계가 어그러져 생기는 문제니까요. 그렇다면 구강 보건의 비법은 미생물 자체보다는 우리가 이들의 관계를 잘 이해하고 관리하는 데 있을 것 같네요. 앞에서 언급했던 '남귤북지(南橘北枳)'의 의미가 새롭게 다가옵니다.

“ 안녕하세요? 저는 만성 염증성 장 질환 환자에게 제공되기 위해 캡슐에 저장된 똥입니다. 똥 얘기가 나오니 저절로 얼굴이 찌푸려지는 분들이 있네요. 그런 분들에게 묻고 싶습니다. 똥이 뭔가요? 여러분이 맛있다고 먹은 음식이 소중한 몸을 통과하면서 영양분을 뽑아내고 남은 찌꺼기 아닌가요? 게다가 항상 여러분 몸 안에 지니고 다니던 물질이 세상 밖으로 나온 것일 뿐이잖아요. 그런데도 제가 그렇게 더러운가요? ”

–‘똥 은행’ 오픈바이옴에 저장된 ‘좋은 똥’ 대표 올림

제12강

자세히 보아야 예쁘다, 너도 그렇다

전통적으로 생물을 동물, 식물, 미생물로 나누어 이야기합니다. 혹자는 왜 미생물만 세 글자냐고 물을 수도 있겠네요. 언뜻 어리석은 물음 같지만 뼈가 있는 질문입니다.

미생물에서 '생'자를 빼볼까요. '동물, 식물, 미물'… 공식적으로 확인된 것은 없지만, 'microorganism'을 처음 번역했던 사람이 어감상 미생물로 하지 않았을까 짐작해 봅니다. 어떻게 불리든 미생물이 더럽고 해롭고 하찮은 존재로 여겨지는 것은 마찬가지인데, 이름이 무슨 대수겠습니까? 미생물의 진짜 모습을 제대로 알려서 오해를 풀고 인간과 화해할 수 있는 물꼬를 트는 게 급선무겠지요.

미생물의 측면에서 보면 우리 몸은 거대한 서식지라고 이미 말했습니다. 우리 몸에 사는 세균만 해도 인간 세포 수보다 어림잡아 서너 배는 더 많습니다. 그런데 흥미로운 사실은 우리가 어머니 배 속에서 자랄 때에는 거의 무균 상태라는 것입니다. 그렇다면 무균 상태의 태아가 자라면서 서식하게 된 이렇게 많은 미생물은 도대체 어디서 왔을까요?

알고 보면 미생물은 우리가 세상에 데뷔하는 첫 무대에 제일 먼저 나와 우리를 환영해 줍니다. 분만 과정에서 산모가 엄청난 산고를 치르는 동안 아이는 산도(産道)를 지나며 거기에 널려 있는 미생물을 온몸으로 뒤집어쓴다고 얘기한 거 기억하시죠? 그렇게 세상에 나온 다음에는 자기를 보듬어주는 사람과 음식 등을 통해 다양한 미생물을 받아들이죠. 말하자면 우리가 살아가는 환경에 따라 입주하는 미생물이 달라진다는 얘기죠.

제왕절개 아기가 상대적으로 면역이 약한 이유

이렇게 아기마다 다른 미생물 집단을 접한다면, 그 몸에 거주하는 미생물 조성에도 분명 차이가 있겠네요. 그렇습니다. 자연 분만된 아기는 산도에서 젖산균을 가장 먼저 만나지만, 제왕절개로 태어난 아기는 표피포도상구균을 비롯하여 산모의 피부 미생물을 제일 먼저 접합니다. 더욱이 최근에는 제왕절개로 태어난 아기가 감염에 상대적으로 더 취약하다는 연구 보고가 잇따르고 있고, 모유 수유를 하는 엄마는 아기에게 좋은 영양분뿐 아니라 좋은 미생물도 전달한다는 사실이 밝혀졌습니다. 이러한 연구 결과들은 자연 분만과 모유 수유, 엄마와 아기의 살갗 닿기 등을 통해 만들어지는 '착한 미생물 집단'이 아기가 건강한 성장 발육을 할 수 있는 몸바탕, 즉 '체질' 형성에 중요하다는 것을 실증하는 것입니다.

그러고 보니 '날 때부터 지닌 몸의 생리적 성질이나 건강상의 특질'이라는 국어사전의 체질 정의가 새삼스레 과학적으로 이해가 됩니다. 날 때부터 우리가 지닌 것은 부모에게서 받은 유전자와 미생물이니 결국 체질은 유전자와 미생물의 합작품이라고 재정의할 수 있겠네요.

이것은 매우 중요하고 다행스러운 일입니다. 체질이란 것이 일단 타고난 후에는 교환 불가능한 유전자에 의해서만 결정된다면 체질을 개선하는 것은 원천적으로 불가능할 테니까요. 반대로 말하면, 미생물을 통한 체질 개선이 가능하다는 뜻입니다. 어떻게 가능할까요?

장을 튼튼히 하는 것이 건강의 기본이라고 합니다. 장이 섭취한 음식물의 소화를 완결하고 각종 영양분을 혈액 내로 흡수하여 온몸으로 퍼질 수 있게 하는 기관임을 생각하면 절로 고개가 끄덕여집니다. 미생물에게 창자는 고온다습하고 먹이가 풍부한 아주 좋은 서식지죠. 그래서 우리 몸에서 미생물이 가장 많이 사는 곳이 바로 장입니다.

중요한 것은 장내 미생물 조성과 장 건강이 긴밀하게 연결되어 있다는 것입니다. 예를 들어 경구용 항생제를 장기간 먹으면 병원균뿐만 아니라 정상적인 장내 미생물 집단에도 손상을 주게 됩니다. 이들이 제대로 복원되지 않으면 다른 잡균들이 그 빈자리를 차지하게 되어 해로운 변화를 초래하고 질병을 일으킬 수도 있습니다. 즉, 장내 세균들이 자신들의 보금자리를 지켜내는 게 장 건강의 선결 조건이라는 얘기입니다.

장내 미생물 생태계를 복원하는 특효법

앞서 소개한 '휴먼마이크로바이옴 프로젝트(Human Microbiome Project, HMP)'(111쪽 참조)를 통해서 새롭게 발견된 또 다른 사실이 있습니다. 중요한 것은 미생물 자체가 아니라 이들의 유전자 또는 단백질이라는 겁니다.

일례로 건강한 장 속에는 지방을 소화하는 데 필요한 미생물이 늘 존재합니다. 하지만 이 임무를 수행하는 미생물이 늘 같을 필요는 없죠. 조금 전문적으로 말하면, 대사 기능이 중요한 것이지 이를 제공하는 미생물이 무엇인지는 별 상관이 없다는 이야기입니다. 축구나 농구 같은 운동 경기에서 상황에 따라 선수 교체를 하는 것과 같은 이치로 생각하면 됩니다.

장내 미생물 집단은 역동적이면서도 안정적입니다. 질병과 약물 복용, 스트레스 등 살면서 겪는 여러 일시적 신체 변화에 따라 그 조성이 변하지만, 대부분은 원래 모습으로 돌아갑니다. 그런데 안타깝게도 가끔 회복이 제대로 안 되는 경우가 생깁니다. 이렇게 장내 미생물 생태계가 교란된 상태를 '디스바이오시스(dysbiosis)'라고 부릅니다. 최근 이런 장내 미생물 불균형 상태가 궤양성 대장염과 크론병 같은 염증성 장 질환을 일으키는 주된 원인으로 지목되고 있습니다.

그렇다면 어떻게 훼손된 장내 미생물 생태계를 복원할 수 있을까요? 이론상으로는, 좋은 미생물을 대장에 직접 넣어주면 될 것 같은데요. 정상 식사가 어려운 환자에게 영양 주사를 놓듯이 말입니다. 그러나 불행하게도 현재 기술로는 장내 미생물을 원하는 대로 배양할 수도 없고 유익균 선별도 매우 어렵습니다. 그래서 생각해낸 기발한 대안이 하나 있는데요, 바로 건강한 사람의 장내 물질 전부 즉, '똥'을 이식하는 겁니다. 기존의 모든 치료법이 실패한 경우, 당사자 동의하에 사전 검사를 통해 선택된 건강한 공여자의 변을 내시경을 이용하여 주입하는 것이죠. 보통 함께 사는 가족의 변을 주입하는 경우가 많습니다.

'똥' 얘기가 나오니 저절로 얼굴이 찌푸려지죠? 당연합니다. 그런데 말입니다. 이렇게 생각해 보세요. 똥이 무엇인가요? 맛있다고 먹은 귀한 음식이 소중한 내 몸을 통과하는 동안 영양분을 뽑아내고 남은 찌꺼기 아닌가요. 그렇게 생각하면 그게 그렇게 더러운가요? 게다가 항상 우리 몸 안에 지니고 다니는 물질이 세상 밖으로 나온 것일 뿐인데 말이죠.

'똥 분(糞)' 자를 한번 볼까요. '쌀 미(米)'에 '다를 이(異)'가 더해진 한자입니다. 우리가 먹은 쌀이 달라진다는 뜻이네요. 섭취한 음식물을 분해하여 영양분을 흡수하기 쉬운 형태로 변화시키는 작용을 '소화'라고 하죠? 그러니 이 단어는 소화의 의미를 그대로 담고 있는 셈입니다. 뜬금없이 웬 한자 공부냐고요? 똥에 대한 선입견을 조금이라도 바꾸고 이를 이용한 첨단(?) 치료법을 알아보려고요!

헌혈보다 까다로운 헌분

'대변 미생물상 이식(Fecal Microbiota Transplant, FMT)'은 분명 꺼림칙한 방법입니다. 하지만 치료 효과가 좋다고 하니, 더럽다고 얼굴을 찌푸리기보다는 만약을 대비해서 건강할 때 자기 것을 좀 받아서 잘 보관해 두는 게 현명한 선택일 수도 있어요. 웃자고 한 얘기지만, 실제로 '똥 은행'이 있습니다.

2012년 미국 보스턴에 문을 연 '오픈바이옴(OpenBiome, www.openbiome.org)'은 만성 염증성 장 질환 환자에게 안전하고 좋은 똥을 제공하기 위해 세워진 비영리기관이랍니다. 오픈바이옴의 핵심 자산은 전적으로 기부를 통해 모읍니다. 그런데 이 기부도 아무나 할 수 있는 게 아닙니다. 솔직히 말하면 헌혈보다 헌분(獻糞) 자격이 훨씬 더 까다롭습니다. 18세 이상 50세 이하의 건강한 사람 가운데, 체질량지수(BMI)가 30 이하인 사람만 헌분할 수 있는 자격이 주어지거든요.

헌분자에게는 회당 50달러가 지급된다고 합니다. 주 5회 남의 화장실을 이용해 주면 한 달에 100만 원 넘는 부수입이 생기는 셈이죠. 그냥 똥만 쌌을 뿐인데, 환우를 도와주고 덤으로 돈까지 받으니 세상에 이보다 보람되고 유쾌한 부업이 또 있을까 싶네요.

오픈바이옴은 운영에 필요한 비용 또한 '좋은 똥' 제품 판매 대금으로 충당한다고 합니다. 도대체 그 치료제 가격이 얼마나 되길래 비용을 모두 감당할 수 있을까요? 놀라지 마세요. 1회 이식용 똥 한 병 가격이 2021년 4월 기준으로 무려 1,650달러, 우리 돈으로 약 180만 원입니다. 가정에서도 편하게 복용할 수 있는 캡슐 제품은 더 비싸서 220만 원(2,005달러) 남짓이라고 합니다. 모르긴 몰라도 이 약을 먹을 때는 물과 함께 얼른 삼켜야겠네요. 입안에서 캡슐이 터지지 않도록 주의하면서 말이죠.

비싼 돈 내고 남의 '그것'을 먹지 않으려면 평소에 장내 미생물 생태계를 잘 관리해야 합니다. 장내 미생물 조성은 우리가 먹는 음식에 따라 달라집니다. 고기를 즐겨 먹는 사람은 채소를 좋아하는 사람보다 단백질 분해 능력이 강한 미생물을 많이 가지고 있겠지요. 유산균이 풍부한 음식은 건전한 장내세균 집단의 복원과 유지를 도와서 건강에 도움을 줍니다.

이러한 사실을 이미 알아서였을까요? 우리 조상들은 다양한 발효 음식을 개발하여 후손들에게 남겨주었습니다. 덕분에 우리나라 사람들은 튼튼한 장을 유지해주는 건강식을 매일 먹을 수 있게 되었죠. 각종 김치와 젓갈류, 된장, 고추장에다 식혜와 막걸리까지 발효 음식을 빼고 나면 우리 고유 음식 중에 남는 것이 거의 없을 정도니 말입니다. 이런 맥락에서 우리의 식습관이 패스트푸드와 서구식 식습관으로 변화한 것과 염증성 장 질환 환자가 늘어난 것은 무관하지 않은 것 같습니다.

이제 귀찮고 하찮게 여겼던 '미(微)생물'이 맛있는 '미(味)생물'로 느껴지다가 살짝 아름다운 '미(美)생물'로 보이기도 하지 않나요? 우리가 미생물을 제대로 알고 자세히 살펴본다면 아마 그들의 참모습을 볼 수 있게 될 겁니다. 제가 바로 그랬으니까요! 그 심정에 어울리는 시 한 구절이 문득 떠오르네요.

> 자세히 보아야 예쁘다
> 오래 보아야 사랑스럽다
> 너도 그렇다
>
> — 나태주, '풀꽃'

“ 남편이 요 근래 안색이 어둡더라고요. 왜 그러냐고 했더니, 미생물이 잘 자랄 수 있는 고체배지를 만들어야 하는데 잘 안 된대요. 감자도 가져가고 동물 뼈에 들어 있는 젤라틴도 써봤는데, 뭐가 잘 안 풀리나 봐요. 감자보다 영양분이 풍부하고, 젤라틴처럼 쉽게 녹지 않는 게 뭐가 있을까? 생각해 보니, 엊그제 과일 젤리 만들 때 썼던 우무가 떠오르잖아요! 그걸 써 보라고 했더니, 남편이 오늘은 활짝 웃으며 퇴근하네요. ”

–미생물 배지 만드는 데 일조한 헤세 부인의 말

제13강

미생물학자의 실험실에서 일어나는 일들

제가 여기저기 강의를 하다 보면, 미생물학자가 되고 싶다는 포부를 밝히는 친구들이 종종 있습니다. 이번에는 그런 친구들을 위해 미생물학자의 실험실로 한번 가보겠습니다.

보통 미생물학자들은 실험실에서 세균을 배양하면서 보내는 시간이 많아요. 다음은 미생물 실험실에서 자주 쓰이는 단어들인데요, 무슨 뜻인지 한번 맞춰보세요.

'컬처(culture)', '미디어(media)', '콜로니(colony)'

아마 영어를 잘하는 독자라면 이렇게 답할 것입니다.

'문화', '매체', '식민지'

맞습니다. 그런데 미생물학에서는 같은 단어가 또 다른 의미로 사용된답니다. 컬처는 '배양', 미디어(단수형 medium)는 '배지', 콜로니는 '집락'

을 뜻합니다.

배양은 미생물을 기르는 것이고, 배지는 미생물 배양에 사용하는 영양물질입니다. 배지는 크게 액체배지와 고체배지로 나눌 수 있죠. '모을 집(集)'에 '떨어질 락(落)' 자가 붙은 '집락'은 고체배지에서 자란 미생물 집단을 말합니다. 콜로니의 번역어 집락을 기억하는 것보다는 개념을 이해하는 게 훨씬 더 중요합니다. 외래어 버스(bus)를 그대로 쓰듯 미생물학자들은 콜로니라는 단어도 보통 원어 그대로 사용하거든요.

비누칠만으로 세균의 99.9%를 죽일 수 있다?

'멸균(sterilization)'이란 모든 살아 있는 미생물을 파괴하거나 제거하는 과정을 말합니다. 이렇게 완전 무균 상태를 만들어 유지하는 게 쉬운 일이 아닙니다. 사실 일상생활에서는 멸균이 필요한 경우가 별로 없습니다. 해로운 미생물을 없애는 게 더 중요하죠. 이런 미생물 제어를 '소독(disinfection)'이라고 부릅니다. 소독에는 흔히 끓는 물이나 증기, 자외선, 알코올 따위가 사용됩니다.

감염병 시대를 맞닥뜨린 요즘, 개인위생의 중요성이 어느 때보다 커졌습니다. 손 씻기는 가장 손쉽고 효과적인 개인위생 방법 중 하나죠. 손에 비누칠을 하고 30초 정도 두 손을 잘 문지른 다음, (가능하면) 따뜻한 물로 헹구면 되죠. 그런데 이렇게 했을 때 세균의 99.9%를 죽일 수 있다는 홍보성 주장에 대해 한번 따져볼 필요가 있습니다. 99.9%의 소독 효과는 일반적인 사용 조건에서는 거의 달성할 수 없습니다. 사실 그럴 필요도 없어요. 손 씻기로 유해균만 잘 제거하면 되니까요.

비누의 기능은 미생물을 화학적으로 죽이는 게 아니라 물리적으로 제거하는 데 있습니다. 비누는 거품을 일으켜 때를 잘 씻어내죠. 이것만으로도 충분히 좋은 소독제입니다. 또 다양한 세제에 첨가하는 항균제도 항생제와 여러 면에서 유사합니다. 올바르게 사용하면 세균의 성장을 억제해주죠. 그러나 세균의 성장을 막겠다고 집 안의 모든 표면을 항균제로 싹싹 문지를 필요는 없어요. 그렇게 되면 오히려 내성 세균이 살아남을 수 있는 적당한 환경을 만들어주게 됩니다. 그러니 일상적인 집 안 청소와 손 씻기에 굳이 항균 세제와 비누를 사용할 필요는 없어 보입니다. 그보다는 청소와 손 씻기를 자주 하는 게 훨씬 더 효과적이고 친환경적이죠.

우무의 변신은 무죄

코흐는 '코흐 원칙'(4장 참조) 정립 과정에서 세균을 키울 수 있는 고체배지가 절실했습니다. 처음에는 감자를 썰어서 써 보기도 하고, 젤라틴(gelatin)에다 세균을 키우기도 했답니다. 젤라틴이란, 동물 뼈나 가죽, 힘줄 따위에서 얻는 단백질 가운데 하나인데, 뜨거운 물에 풀어지고, 찬물에서는 젤 상태가 되죠. 그냥 쉽게, 푹 곤 도가니탕 국물이 식어서 흐물흐물한 묵처럼 보이는 걸 생각하면 됩니다.

어쨌든 코흐는 둘 다 마뜩잖았어요. 감자는 세균에 필요한 영양분이 제한적이고 젤라틴은 온도가 조금만 올라가면 녹아버려서 세균을 키우는 데 낭패를 보기 일쑤였죠.

고체배지는 미생물이 자라는 터전입니다. 제대로 기능하려면 물리적인 공간과 화학적 영양분을 동시에 제공해야 하죠. 앞서 설명한 대로 배지는 배양에 필요한 영양분을 물에 녹여 충분히 끓여 멸균한 다음 식혀서 만듭니다. 관건은 영양분이 고루 섞인 액체배지를 굳혀 고체로 만드는 거였어요. 고민에 고민을 거듭하던 코흐에게 어느 날 한 연구원의 아내가 깜짝 제안을 했습니다. 자신이 과일 젤리를 만드는 데 사용하는 우무(한천)를 한번 써 보라는 것이었죠.

우무는 바다에 사는 해조류에서 추출하는 탄수화물인데, 아주 독특한 특성이 있습니다. 우무 가루를 물에 넣고 펄펄 끓이면 녹아서 끈끈하고 투명한 풀처럼 됩니다. 이걸 섭씨 40도 정도까지 식히면 묵처럼 굳어요. 한번 굳은 우무는 거의 100도에 이르기 전까지는 고체 상태를 그대로 유지합니다. 그러므로 우무를 섞어 고체배지를 만들면 온도에 구애받지 않고 미생물을 키울 수 있게 되는 거죠. 참신한 아이디어를 낸 헤세 부인(Fanny Hesse, 1850~1934)은 시쳇말로 '내조의 여왕'이었던 것 같습니다. 남편의 든든한 연구 조력자로서 가정에서 배지도 만들어주고 발표용 삽화도 그려주었다네요.

우무가 고체배지 제작에 더욱 안성맞춤인 이유는 우무를 분해하는 미생물이 매우 드물기 때문입니다. 보통 미생물은 천연물질이면 무엇이든 다 잘 먹는데, 희한하게 우무는 아니네요. 이건 미생물 연구자에게는 큰 행운입니다. 미생물이 우무를 먹어 치운다면 미생물 배양이 진행될수록 고체배지는 점점 작아질 테니 말이죠.

여담이지만, 요즘 우무가 건강 디저트 재료로 사랑받는 이유 역시 마찬가지입니다. 우무는 포만감과 함께 건강에 도움이 되는 미네랄을 주지만 소화되지 않아 결국 칼로리 흡수가 없으니까요.

또 다른 연구원 페트리(Julius Petri, 1852~1921)는 헤세 부인의 아이디어 구현에 크게 이바지했습니다. 뚜껑 덮는 접시를 고안해서 멸균된 우무 배지를 담아 잡균 오염 걱정 없이 원하는 미생물을 배양할 수 있도록 했죠. 이 배양 도구를 '페트리 접시(petri dish)'라고 부르는데, 중·고등학교 시절을 보낸 시기에 따라 '샬레'라는 이름이 더 익숙한 독자들도 있을 것입니다.

나도 미생물 한번 키워볼까?

그렇다면 이번에는 '순수 배양'의 의미를 한번 풀어볼까요. 순수하다는 것은 다른 것이 섞이지 않은 것을 말하죠. 그러니 '순수 배양'은 딱 한 종류의 미생물만 키우는 걸 말하겠죠.

무슨 말인지는 알겠는데, 어떻게 눈에 보이지 않는 작은 미생물을 하나만 골라서 키울 수 있느냐고요? 좋은 질문입니다. 정답이 위에 보이네요. 바로 콜로니를 얻으면 됩니다. 콜로니는 미생물 세포 하나에서 시작되어 세포분열을 거듭해서 그 수가 늘어나 맨눈에 보일 정도로 무리를 이루고 있는 것을 의미합니다.

그렇다면 원하는 미생물의 콜로니는 어떻게 얻을 수 있을까요? 바로 '스트리킹(streaking)'을 통해서입니다. 스트리킹이라는 말에 깜짝 놀란 독자들도 있을 것 같아요. '스트리킹(streaking)'에 '알몸으로 길거리 달리기'

SANG MIN

라는 뜻이 있으니까요. 그런데 동사 '스트리크(streak)'는 '기다란 자국(흔적)을 내다' 또는 '줄무늬를 넣다'라는 뜻으로 쓰이기도 합니다. 고리 모양의 루프에 시료를 조금 묻혀서 고체배지 표면 한쪽에 문대면, 즉 스트리킹하면, 미생물이 고루 퍼지게 됩니다. 이어서 비어 있는 다른 쪽으로 두 번, 세 번 줄 긋기할수록 전달되는 미생물이 점점 줄게 되겠죠.

이렇게 접종한 배지를 배양하면, 미생물이 자라면서 콜로니가 보이기 시작합니다. 처음 스트리킹한 부위에서는 미생물이 워낙 많이 접종되어 과밀 성장한 결과로 개별 콜로니를 볼 수는 없습니다. 하지만 스트리킹이 진행되면서 점점 미생물 수가 줄어들어 결국 하나씩 떨어진 동그란 콜로니가 나타나게 되지요.

코흐는 연구원의 아이디어를 잘 버무려 훌륭한 배양 기술을 개발했습니다. 그리고 이를 이용하여 탄저균에 이어 결핵균(1882)과 콜레라균(1883)을 연이어 규명하며 세균학의 기초를 닦았죠. 어찌 보면, '구슬이 서 말이라도 꿰어야 보배'라는 우리 속담을 130여 년 전 유럽에서 코흐가 제대로 실천한 것 같습니다. 코흐가 개발한 배양 기술은 지금도 전 세계 미생물 실험실에서 여전히 그대로 사용되고 있습니다. 변한 게 있다면 유리 접시가 일회용 플라스틱 제품으로 바뀐 정도죠.

바닷물보다 짠 데서도 자란다

한 발 더 나아가 분별 배지와 선택 배지는 영양분 공급이라는 기본 기능을 한 단계 업그레이드시킨 배지입니다. 먼저 분별과 선택의 의미를 잘 생각해 본 다음에, 혈액 한천 배지에 대해 알아보기로 하죠. 이 고체 배지는 색깔이 피처럼 빨갛습니다. 사실, '피처럼'이 아니라 이 배지는 한천 배지에 (도축 과정에서 나오는) 진짜 동물 피를 첨가해서 만든 겁니다. 이 배지는 인체 감염성 세균 배양에 흔히 사용됩니다. 여기서 자라는 세균의 콜로니 주변에 빨간색이 옅어지거나 없어지면, 그 세균이 적혈구를 파괴하고 있다는 것을 확인할 수 있죠. 세균을 배양하면서 용혈(적혈구의 세포막이 파괴되어 그 안의 헤모글로빈이 혈구 밖으로 나오는 현상) 여부를 한눈에 알아볼 수 있는 분별 배지의 한 가지 예입니다.

이번에는 선택 배지에 대해 알아볼까요? 앞서 소개한 포도상구균 기억하죠. 우리 피부에 제일 많다고 한 세균 말입니다. 이 녀석은 짠 걸 상당히 좋아해요. 배지를 바닷물보다 두 배 정도 짜게(7% NaCl) 만들면 웬만한 세균은 못 자라는데, 포도상구균은 거뜬히 자랍니다. 선택받은 셈이죠. 선택 배지의 한 가지 예입니다. 항생제가 든 배지도 대표적인 선택 배지입니다.

인간은 산소가 없으면 살 수 없지만 많은 미생물, 특히 세균은 산소가 없는 조건에서도 잘 삽니다. 심지어 산소가 있으면 죽는 세균도 있어요. 이런 이상한(?) 세균을 키우려면 일부러 산소를 제거해 줘야 합니다. 이런 배지를 '환원 배지'라고 부릅니다. 여기서 환원이란, 산소가 빠진다는 뜻입니다. 더 자세한 설명은 다음 장에서 할게요.

그런데 도대체 배지에서 어떻게 산소를 없앨까요? 이때는 화학 지식이 필요한데, 물에 녹아 있는 산소와 결합하는 화합물을 적당량 섞어 배지를 만들면 됩니다. 산소를 못 견디는 세균을 키울 때는 환원 배지에 접종한 다음, 무산소 환경을 만들어줘야 합니다. 밀폐된 용기에 공기 중 산소와 결합하는 화학물질과 함께 접종한 배지를 담아 배양할 수 있습니다. 여기에 기계적으로 산소를 제거하고 차단하는 장비도 개발되어 있습니다. 자, 배지에서 산소를 제거하는 방법을 알았으니, 이제 산소 없이 숨 쉬고 사는 미생물의 삶을 보러 갈까요.

m i c r o o r g a n i s m

“사람들은 우리를 혐기성 미생물이라고 불러요. 마치 우리가 산소를 피해 꼭꼭 숨어다니는 것처럼 오해하는 것 같아요. 하지만 그건 인간들의 착각이죠. 대부분 우리 산소가 있을 땐 산소 호흡을 하고, 산소가 없을 땐 무산소 호흡을 해요. 산소 호흡을 못하는 게 아니라 무산소 호흡이 우리의 필살기라는 말이죠. 우릴 편협한 인간 중심적인 사고로 판단하는 사람들이 있다면 우리도 그들에게 해줄 말이 있네요. 너나 잘하세요.”

–혐기성 미생물이 하는 말

제14강

산소 없이도 살 수 있는 미생물이 있다

2500년 전쯤, 고대 그리스 철학자 플라톤이 이런 말을 남겼다네요.

"인간은 원래 드높은 진리와 아름다움의 평원으로 비상할 수 있는 자유로운 영혼이었다. 그런데 그런 영혼이 날개가 꺾여 지상에 추락하고 육체에 갇히면서 지금처럼 작아졌다. 사랑이 그 상처를 치유하여, 인간 영혼을 다시금 자유롭게 할 수 있다."

플라톤 말대로 인간이 영혼(정신)과 육체라는 두 실체로 이루어져 있다면, 인간답게 살기 위해서는 영혼을 살리는 사랑과 함께 육체를 움직이는 힘이 필요할 겁니다.

생물학적으로, 우리가 숨 쉬는 이유는 이런 육체적 에너지를 만들기 위함이죠. 호흡은 날숨 '호(呼)'와 들숨 '흡(吸)'이 합쳐진 말입니다. 좀 더 생물학적으로 말하면, 호흡은 코와 입으로 산소가 풍부한 바깥 공기를 들이마셔 기도를 거쳐 허파로 보내고, 이산화탄소가 많은 몸속 공기를 몸 바깥으로 내보내는 기체 교환이죠.

이제 크게 한번 심호흡을 해보세요. 가슴이 팽창하고 윗배가 앞으로 나오는 느낌이 들죠? 자칫 공기가 들어오니까 흉강(심장, 허파 등이 있는 가슴 부위)이 늘어났다고 생각하기 쉬우나, 사실은 그 반댑니다. 갈비사이근(늑간근) 수축으로 갈비뼈가 위로 당겨지고, 동시에 횡격막은 아래로 내려가 흉강 부피가 늘어나죠. 그 결과 폐 속 기압이 대기압보다 낮아집니다. 기체는 압력이 높은 데서 낮은 데로 흐르므로, 자연스레 공기가 허파로 들어오게 되죠. 숨을 내쉴 때는 이와 반대 현상이 일어나는 거고요.

불꽃처럼 타오르는 생명이여!

이 소제목은 단순한 은유가 아니라 과학적 사실입니다. 인공호흡과 모닥불에 하는 부채질을 한번 생각해 보세요. 각각 꺼져가는 생명과 불씨를 살리려는 노력 아닌가요! 이 노력의 핵심은 바로 산소 공급입니다.

도대체 여기서 산소가 어떤 역할을 하는 걸까요? 국어사전에서는 연소를 '물질이 산소와 화합할 때 많은 빛과 열을 내는 현상'이라고 정의하고 있습니다. 이를 과학 용어로 표현하면, 물질이 산화(산소와 화합)되면서 에너지(빛과 열)를 내는 현상입니다. 우리도 매일 음식물에서 얻은 영양분을 세포에서 태우고 있습니다. 체온이 그 생생한 증거죠.

연소와 호흡은 모두 같은 산화 반응이고, 그 최종 산물은 물입니다. 겨울철 자동차 배기구에서 나오는 허연 수증기와 우리 입김을 생각하면 이해하기 쉬울 겁니다. 연소 과정에서는 빠르게 한꺼번에 에너지가 방출되지만, 호흡은 천천히 단계적으로 에너지가 방출된다는 속도의 차이만 있을 뿐이죠.

어떤 물질이 산소 원자(O)와 결합하거나 수소 원자(H)를 잃어버리는 것을 '산화'라고 합니다. 이것의 정반대가 '환원'이죠. 상대적으로 더 환원된, 그러니까 수소 원자가 더 많은 물질은 그만큼 에너지가 많습니다. 이해하기 어렵다면 그냥 외워도 무방합니다.

아시다시피 원자는 물질을 이루는 기본 단위입니다. 원자는 하나의 핵과 이를 둘러싼 전자로 되어 있어요. 전자의 수는 원자에 따라 다르죠. 핵과 전자는 각각 양성(+)과 음성(-)을 띠는데, 평소에는 이 둘이 서로 상쇄되어 원자는 전기적으로 중성을 띱니다. 원자 수준에서도 음양의 조화가 있는 셈이네요.

신진대사 과정에서 전자는 수시로 원자 사이를 오가는데, 다정한 연인처럼 수소 원자와 붙어 다닙니다. 우리가 먹은 밥이 소화되는 과정을 예로 들어 전자의 이동을 한번 살펴볼까요.

소화를 통해 밥의 주성분인 녹말(전분)은 포도당으로 분해됩니다. 허기가 져 머리가 잘 안 돌아갈 때 흔히 당 떨어졌다고 말하곤 하는데, 나름 과학적인 표현이에요. 포도당이 가장 중요한 신체 에너지원이니까요. 세포에서 포도당 1g을 태우면 4kcal 정도의 에너지를 얻습니다. 공급량이 많아 태우지 못하고 남는 포도당은 결국 지방으로 전환되어 몸에 쌓이죠. 살이 찐다는 얘깁니다. 그러고 보니 칼로리를 태우라는 다이어트 구호에도 과학이 담겨 있네요.

이렇듯 세포에서 포도당을 태우는 과정을 '세포 호흡'이라고 부릅니다. 이때 포도당에 저장되어 있던 에너지가 수소 원자와 전자에 담겨 방출되죠. 세포는 이 에너지를 사용하고, 남겨진 빈 용기인 수소 원자와 전자는 산소와 결합하여 물이 됩니다. 말하자면, 산소는 에너지를 배달하느라 수고하고 지친 수소 원자와 전자를 품에 안아 쉬게 함으로써 우리의 삶을 유지하고 있는 거죠. 1937년 노벨생리의학상 수상자 센트죄르지(Albert Szent-Györgyi, 1893~1986)는 이런 현상을 두고 '생명이란 쉴 곳을 찾는 전자'라고 멋지게 함축했답니다.

산소 없이 숨 쉴 수 있을까?

만약 산소가 사라진다면, 인간을 비롯한 이 지구상의 모든 동식물이 질식사하고 말 것입니다. 매우 유감스럽지만 엄연한 사실입니다. 그런데 이렇게 암울한 상황에서도 아무 문제 없이 살아갈 수 있는 생명체가 있습니다. 도대체 어떻게 산소 없이 숨을 쉴 수 있단 말인가요? 호흡에서 산소가 하는 기능을 이해했다면 그리 어렵지 않게 답할 수 있을 거라고 생각합니다.

포도당에서 나온 전자를 마지막에 받아주는 게 산소이고, 이 과정이 세포 호흡이라고 했잖아요. 그렇다면 이 역할에 다른 물질을 이용할 수만 있다면 호흡에 별문제가 없을 겁니다. 실제로 많은 미생물(주로 세균)이 우리가 가지지 못한 이 능력을 갖고 있습니다. 산소 아닌 다른 물질로 호흡하며 삶을 영위하는 재주 말입니다. 이를 산소를 이용하는 산소 호흡

(유기 호흡)과 대비하여 무산소 호흡(무기 호흡)이라고 합니다.

유산소 환경에서 살다 보면, 가끔 산소와 전자가 잘못된 결합을 하는 일이 일어납니다. 이렇게 되면 소위 '활성 산소'가 만들어져요. 활성 산소는 반응성이 커서, 마치 불한당처럼 세포 자체나 구성 물질에 닥치는 대로 시비를 걸어 해코지합니다. 활성 산소가 노화의 주요 원인 가운데 하나로 꼽히는 이유죠. 산소를 접하고 사는 생명체는 대부분 활성 산소를 제거하는 효소를 가지고 있어요. 만약 생명체가 이런 효소를 갖추지 못했다면 어떻게 될까요? 우리에게는 '생명수'와 같은 산소가 이들에게는 '사약'과 같을 것입니다. 산소를 만나면 즉사하고 말겠죠. 이런 논리라면 '혐기성(嫌氣性) 미생물'은 산소를 피해 꼭꼭 숨어다녀야 할 겁니다.

그런데 '혐기성'이라는 말에는 오해의 소지가 다분합니다. 이 말은 공기(산소)가 없다는 뜻을 지닌 영어 단어 'anaerobic'을 일본식 한자로 옮기면서 붙여진 것인데, 어감도 썩 좋지 않을뿐더러 오해하기 딱 좋습니다. 실제로 혐기성 미생물 대부분은 활성 산소 제거 효소를 가지고 있거든요. 다시 말해, 산소가 있으면 우리처럼 산소 호흡을 한다는 얘기입니다. 무산소 호흡은 이들이 추가로 지닌 특기인 셈이죠. 따라서 혹시라도 이들의 삶에 측은지심을 품는다면, 오히려 이들은 우리에게 이렇게 말할지도 모르겠어요.

"너나 잘하세요."

편협한 인간 중심주의 사고의 틀 안에서 보면 산소가 없는 환경이 암담해 보이겠지만, 미생물의 관점에서 바라보면 아무나 범접할 수 없는 그들만의 세상이 펼쳐지는 것이니까요.

맥주는 효모가 내놓은 배설물

'호흡'과 마찬가지로 '발효' 역시 일상생활에서 널리 사용되는 생물학 용어입니다. 보통 숙성을 통해 음식을 만들거나 술을 빚는 과정을 발효라고 하죠. 교과서식으로 말하면 '무산소 조건에서 일어나는 에너지 생산 과정'이라 할 수 있겠습니다.

이 말에 의아한 표정으로 고개를 갸우뚱하는 독자가 있기를 기대합니다. 이 정의는 과학적으로 문제가 있거든요. 이렇게만 말하면 앞서 얘기한 '무산소 호흡'과 발효를 구분할 수 없고, 자칫 이 둘을 같은 것으로 오해할 수도 있기 때문이죠.

무산소 호흡은 산소 대신 다른 물질을 사용할 뿐 해당 화합물에 있는 모든 탄소가 이산화탄소로 산화되는 완전 연소입니다. 반면 발효는 타다 남은(덜 산화된) 동강이 생기는 불완전 연소죠.

생명체에게 불완전 연소는 에너지 손실을 의미합니다. 호흡을 통해서 포도당을 완전히 태우면 여기에 들어 있는 에너지를 모두 뽑아내 쓰고, 물과 이산화탄소를 버립니다. 그런데, 발효를 하게 되면 포도당에 있는 에너지 일부만을 사용하고 여전히 상당량의 에너지가 들어 있는 발효 산물을 배설물로 내놓게 되죠.

생물학에서 말하는 배설물이란, 몸(세포) 안으로 들어와 몸에 필요한 반응을 거친 후에 다시 몸 밖으로 나가는 물질을 말합니다. 그렇다면 우리는 이제까지 미생물의 배설물을 즐기고 있었던 거네요. 예컨대, 맥주에 있는 알코올은 효모가 보리에 있던 당분을 발효하고 내놓은 배설물이니까요.

배설물이라는 어감 때문에 그렇지, 생물학적으로는 더러운 게 아닙니다. 배설물이 쌓이면 그 생명체에게는 해롭습니다. 그래서 보통 자연 발효를 하면 맥주의 알코올 함량이 5% 정도에 머무는 겁니다. 진짜 중요한 사실은, 한 생물종의 배설물이 당사자에게는 독이 되지만, 다른 생물종에게는 필수 양분이 되는 게 대자연의 섭리라는 것이죠.

멀리 갈 것 없이 우리 자신을 생각해 보죠. 우리가 호흡하고 내놓은 배설물인 이산화탄소를 식물은 광합성에 이용하잖아요. 또 식물이 내놓은 배설물인 산소 덕분에 우리가 살아갑니다. 그러니 지구 생명은 미생물과 배설물로 연결되어 돌아가는 하나의 거대한 연결망인 셈이네요.

이처럼 과학이라는 거울에 비친 인간의 모습은 여느 생명체와 다를 바 없이 생명 네트워크를 이루는 하나의 연결고리에 불과합니다. 그나마 인간이 세상에 대한 온갖 잡다한 정보를 가지고 있다는 것이 차이라면 차이고 위안거리였습니다. 그런데 이마저도 이제는 인간보다 뛰어난 인공지능이 출현하면서 초라해지려 하네요.

그렇다면 다른 생명체들과 구분되고, 인공지능과도 다른 우리 인간만의 개성은 어디서 찾아야 할까요? 우리에게는 과학이라는 거울로는 볼 수 없는 사랑이 있습니다. 사랑은 돌보고 베풀고, 때로는 희생하면서 인간을 고양하는 '정신적 에너지'라 하겠습니다. 제대로 사랑할 줄 알게 된다면 막막하고 황량해 보이는 이 세상도 조금은 따스한 시선으로 바라볼 수 있지 않을까요.

어쨌거나 다시 '과학 거울'을 들여다보도록 할게요. '빅뱅(Big Bang) 우주론'에 의하면 지구는 거대한 수소(H_2)의 집합체가 높은 압력과 온도에 의해 더 무거운 원소로 전환되고, 결국 폭발한 후에 다시 여러 개로 뭉쳐져서 만들어진 천체 가운데 하나라고 합니다. 탄생한 지 어림잡아 45억 년이 넘는 지구는 처음 2억 년 동안 표면 온도가 100℃ 이상이었을 것으로 추정한다고 해요. 지구가 얼마나 빨리 식었는지는 정확하게 알 수 없지만, 상당히 뜨거운 상태에서 수소가 다른 원자들과 반응하여 암모니아(NH_3)와 메탄(CH_4) 따위가 늘어났답니다. 그 결과 이런 화합물과 함께 수소가 원시 지구 대기의 주를 이루게 되었죠.

그런데 말이에요, 여기에 산소 기체(O_2)는 없었다네요. 그럼 현재 우리가 숨 쉬는 산소는 대체 언제 어떻게 생겨났을까요?

microorganism

“ 최근에 우리가 본의 아니게 저지른 사건에 대해서는 심심한 위로의 말씀을 전합니다. 다만, 이런 불미스러운 일이 생긴 이유가 무엇인지 곰곰이 따져보자는 거죠. 듣기로는 우리가 먹은 브롬 성분이 인공 호수에 뿌려진 제초제에 들어 있었다고 하더군요. 뭐, 우리가 잘한 건 없지만, 애초에 제초제를 안 썼으면 그런 일도 없지 않았을까요? 우리가 지은 죄를 부인하려는 게 아닙니다. 다만, 이런 일이 재발하지 않도록 고매하신 인간님들께서 우리 미물(微物)의 말을 귀담아 들어주셨으면 하는 거지요, 에헴. ”

–브롬을 먹은 어느 시아노박테리아의 변론

제15강

시아노박테리아 연대기

전통적인 24절기에 따르면, 봄은 입춘으로 시작해서 곡우(穀雨)로 마무리됩니다. 곡우는 봄비가 내려서 온갖 곡식이 윤택해진다는 절기입니다. 그래서 우리 조상들은 곡우를 농사철의 시작으로 여겼다고 하네요.

실제로 이 무렵부터 본격적인 모내기 철에 들어갑니다. 모내기가 끝나고 날이 더워지면서 논에는 온통 물개구리밥이 들어찹니다. 비단 논뿐 아니라 연못이나 개천에서도 흔하게 볼 수 있는 여러해살이 물풀이죠. 지나다가 언뜻 눈 결정을 연상시키는 잎사귀가 물 위에 많이 떠 있는 걸 보았다면, 십중팔구 물개구리밥일 겁니다.

주지하다시피 개구리는 벌레를 잡아먹지 풀을 뜯어먹지 않아요. 그러니 물개구리밥이라는 이름은 개구리가 먹어서가 아니라 개구리가 많이 사는 곳에 이 물풀이 많아서 붙여진 게 아닌가 싶어요. 중요한 건 이름이 아니라 이 작은 풀이 벼농사에 큰 도움을 준다는 사실이죠. 우선 엄청난 번식력으로 논의 물을 덮어 수분 증발을 더디게 하여 그만큼 물 대는 수고를 덜어줍니다. 이건 맛보기에 불과해요. 물개구리밥은 논에 천연 질소 비료를 준답니다. 혼자서는 아니고 '시아노박테리아(Cyanobacteria, 남세균)'라는 광합성 미생물과 함께 말입니다.

시아노박테리아를 품은 물개구리밥

엄밀히 말하면, 시아노박테리아는 특정 세균의 이름이 아니라 '시아노박테리아 문'의 명칭입니다. '문'은 '종 · 속 · 과 · 목 · 강 · 문 · 계'로 나누는 생물 분류 체계에서 '계' 다음으로 큰 분류 단위죠. 그 규모를 가늠하기 위해 이 체계를 인간에 적용해 보면, 우리는 '사람종 · 사람속 · 사람과 · 영장목 · 포유강 · 척삭동물문 · 동물계'로 분류됩니다.

시아노박테리아는 크게 다섯 계통으로 나뉘는데, 모두 광합성을 하지만 계통에 따라 모양과 특성이 다릅니다. 증식 방법만 보더라도, 단세포로 살면서 어느 정도 자라면 둘로 나뉘는 것도 있고, 서로 붙어 사슬 모양으로 자라거나 군체를 이루는 것도 있답니다. 그리고 일부는 광합성에 더해 질소고정(다음 장 참조) 능력을 겸비하고 있죠.

광합성에 필요한 3대 요소는 빛과 이산화탄소, 그리고 물입니다. 심하게 가물지만 않으면 이 셋은 늘 풍족하기에, 대개 질소를 비롯하여 미네랄 영양소가 광합성 효율을 좌우하죠. 자연환경에서 이들의 양이 제한적이기 때문입니다. 그래서 농작물을 계속 재배하려면 꾸준히 비료를 주어야 하는 겁니다.

물개구리밥은 '아나베나 아졸레(*Anabaena azollae*)'라는 시아노박테리아를 품어 이런 제약에서 벗어나 번성의 길을 찾았어요. 물개구리밥과 시아노박테리아의 돈독한 사이는 이들 이름(학명)에도 그대로 드러납니다. 단짝 시아노박테리아의 종명 '아졸레'는 물개구리밥의 속명 '아졸라(*Azolla*)'에서 유래했거든요.

물개구리밥은 조그만 잎(길이 1mm 정도) 뒷면에 시아노박테리아를 위한 작은 방을 마련해두고 있는데, 방마다 아졸레가 2000~5000마리씩 들어와 산다고 해요. 이들은 열심히 질소고정을 해서 물개구리밥에게 질소 영양분을 공급하는 것으로 숙박비를 대신하죠. 한번 맺어진 공생 관계는 물개구리밥 생애 내내 조화롭게 지속됩니다. 공생 관계가 어느 정도나 긴밀한가 하면, 방에 사는 파트너가 집주인의 상태에 맞추어 증식 속도를 조절할 정도랍니다.

이러한 행복한 동행 덕분에, 물개구리밥은 인류가 벼농사를 시작할 때부터 '초록 거름' 역할을 톡톡히 해왔습니다. 다시 말해, 인공 질소 비료가 없던 시절에도 이들 공생체가 어느 정도 안정적인 쌀 소출을 담보해주었다는 말이죠.

물개구리밥-시아노박테리아 공생체는 친환경 생물 비료에만 그치지 않습니다. 이 공생체의 수면을 덮는 탁월한 능력은 제초와 모기 방제에도 도움이 되고, 화학물질 흡수 능력은 수질 정화에 활용되고 있습니다.

지구상에 삶의 터전을 닦다

청록색을 띠는 시아노박테리아는 식물과 똑같이 광합성을 합니다. 말하자면, 빛을 이용하여 이산화탄소와 물을 재료로 당분(포도당)을 만들고 산소를 내뿜죠. 사실 식물 세포에서 광합성을 담당하는 엽록체 자체가 시아노박테리아에서 유래한 것으로 보입니다.

대략 15억 년 전쯤에 원시 지구에 살던 어떤 미생물이 자기보다 작은 시아노박테리아를 잡아먹었어요. 그런데 포식자가 소화를 시키지 못해 먹이가 된 시아노박테리아가 안에서 우연히 살아남는 일이 발생했죠. 어쩌면 반대로 시아노박테리아를 잡아먹은 것이 아니라 그것에 감염되었을 가능성도 있습니다. 어찌 되었든 둘은 더는 서로에게 해를 끼치지 않는 것은 물론이거니와, 점차 도움을 주고받는 관계를 형성해 나갔어요. 자칫 소설처럼 들릴 수 있지만, 많은 증거를 바탕으로 현재 생물학 교과서에 소개될 만큼 공신력을 얻은 생물학 이론입니다.

원조 광합성 생물인 시아노박테리아는 약 30억 년 전에 출현했습니다. 그때부터 이들은 원시 지구 환경을 획기적으로 바꾸어나갔죠. 광합성 결과로 발생한 산소가 거의 무산소 상태였던 대기로 들어가 쌓이기 시작한 겁니다. 이처럼 식물보다 훨씬 앞서 광합성을 시작한 시아노박테리아 덕분에 식물이 출현할 즈음에는 지구 대기 중 산소 농도가 이미 10%를 넘어선 것으로 추정하고 있습니다. 화석 증거에 의하면, 공기에 산소가 상당히 축적되는 시점부터 다양한 생명체들이 속속 나타나기 시작했다고 해요.

유산소 호흡은 생명체에게 더 많은 칼로리를 제공하기 때문에 산소를 머금은 공기는 더 크고 다양한 생물이 진화할 수 있는 기회를 가져왔죠. 또한, 축적된 산소(O_2) 일부는 오존(O_3)으로 전환되어 층을 이루었습니다. 오존층은 자외선에서 생명체를 지키는 보호막 역할을 해주죠. 특히 생명체에게 상당히 해로운 짧은 파장의 자외선을 거의 모두 흡수합니다. 이로써 생명체 육상 진출의 필요조건이 마련되었습니다. 한마디로 시아노박테리아는 인류가 출현하기 훨씬 전부터 이 지구상에 다양한 삶의 터전을 닦은 셈이죠.

시아노박테리아 가운데에는 화성 개척의 선봉장 감으로 꼽히는 것도 있습니다. 남극 '드라이 밸리(Dry Valleys)'에 사는 '크루코키디옵시스(*Chroococcidiopsis*)'가 그 주인공입니다. 서울 면적의 거의 5배에 달하는 드라이 밸리의 기온은 영하 80도에서 영상 15도를 오르내립니다. 게다가 적어도 지난 200만 년 동안 비가 오지 않았다고 해요. 그나마 겨울에 조금 내리는 눈마저도 거센 바람에 흩날려 버리고 맙니다. 그래서 지구에서 가장 화성을 닮은 곳으로 꼽히죠. 만약 크루코키디옵시스가 화성에서 광합성을 할 수만 있다면, 화성의 대기는 물론이고 토양도 바꾸어 놓을 수 있을 겁니다. 이들의 조상이 원시 지구에서 그랬던 것처럼 말이죠.

흰머리독수리를 죽인 범인은?

2021년 3월 하순, 지난 27년 동안 오리무중이었던 미국 흰머리독수리 살해범의 검거 소식이 논문으로 전해졌습니다. 사건은 1994년 아칸소주에서 마비 또는 경련 증세를 보이며 죽어가는 독수리가 목격되면서 시작되었어요. 이후 2년에 걸쳐 미국 곳곳에서 흰머리독수리 70여 마리를 포함해 여러 조류가 희생되었죠.

미국의 국조(國鳥)인 흰머리독수리의 집단 사망 사건에 당연히 미국인들의 국민적 관심이 쏠렸습니다. 사체를 부검해보니 뇌의 백질에 작은 주머니(액포)가 많이 퍼져 있었습니다. 이 결과에 근거하여 일단 사인은 '액포성 골수병증'으로 판단했습니다. 하지만 정작 그런 치명적 질병을 일으킨 원인에 대해서는 이렇다 할 단서를 찾지 못한 채 발만 동동 구를 수밖에 없었죠. 무심히 흐르는 세월 속에 자칫 묻힐 뻔했던 사건은 우연한 기회에 범인을 색출할 수 있게 되었습니다. 해결 경위는 다음과 같습니다.

현장 조사 결과 사건 발생 유역에서는 검정말과 함께 그 잎에 붙어사는 특정 시아노박테리아가 항상 발견되었습니다. 공교롭게도 시아노박테리아 가운데에는 독소를 만드는 종이 많아요. 참고로 검정말은 연못이나 개울에서 자라는 여러해살이 물풀로 줄기 높이가 60cm 정도입니다. 연구진은 문제의 시아노박테리아를 실험실로 가져와 배양에 들어갔습니다. 그러나 예상과는 달리 실험실에서 키운 시아노박테리아는 액포성 골수병증을 일으키는 독소를 만들지 않았어요. 그럼 뭐가 문제였을까요?

해결의 실마리는 화합물 정밀 분석에서 나왔습니다. 피해 현장에서 채취한 시아노박테리아에는 항상 브롬(Br) 성분이 포함된 대사물이 들어 있었어요. 그래서 실험실 배양액에 브롬 성분을 추가하여 시아노박테리아를 키웠더니 똑같은 대사물이 만들어졌죠. 이 물질을 실험용 닭에게 먹였더니 액포성 골수병증이 나타났습니다. 이렇게 해서 국조 폐사 원인이 명확하게 밝혀지고, 범인이 잡혔습니다.

브롬을 먹은 어느 박테리아의 호소

다음은 이 사건에 대해 가상으로 들어본 시아노박테리아의 변론입니다.

"주변에 검정말이 많기에 거기에 붙어살다가 속절없이 독소를 만들고 말았습니다. 사실 저뿐만 아니라 우리 족속 대부분은 이런저런 독소를 만들어요. 일종의 자기방어라고 보시면 돼요.

물론 평소에는 별문제가 되지 않습니다. 그런데 우리 개체 수가 너무 많아지면 상황이 달라집니다. 우리가 늘어난 만큼 독소 양도 많아지니까요. 그런데 우리의 개체 수가 왜 많아졌을까요? 보통 자연수에는 미네랄 영양소가 늘 부족해서 우리가 크게 증식할 수 없는데 말이죠. 사실을 말씀드리자면 인간이 버리는 폐수에 가끔 우리에게 필요한 비타민이 듬뿍 들어 있곤 합니다.

물풀을 먹는 여러 수생 생물은 자연히 우리를 먹게 됩니다. 그런데 우리가 만든 독소는 물에 잘 녹지 않아요. 그러니 수생 생물에게서 잘 배출되지 않고 그 동물 몸 안에 축적되기 일쑤죠. 그래서 그런 동물을 먹잇감으로 하는 육식동물은 훨씬 더 많은 독소를 섭취하게 된답니다. 학자들은 이렇게 먹이그물에서 위로 올라갈수록 특정 화합물의 농도가 증가하는 현상을 '생물 농축'이라고 부르더군요.

이번 사건에는 생물 농축 현상에 하나가 더 추가되었습니다. 도대체 그 브롬이라는 물질은 어디서 온 겁니까? 우리는 그런 걸 필요로 하지도 않았고 원하지도 않았어요.

가만 얘기를 들어보니 브롬 성분은 인공 호수에 뿌린 제초제 성분에 포함되어 있다고 하더군요. 제가 지은 죄를 부인하려는 게 절대 아닙니다. 저희도 흰머리독수리가 그렇게 많이 죽은 것에 대해 안타까워요. 거기에는 심심한 유감의 뜻을 전하고 싶어요. 다만 이런 불미스러운 일의 원인이 무엇인지 제대로 알고, 같은 사건이 재발되지 않도록 힘쓰자는 거지요. 인간이든 미생물이든 건강하게 살아갈 수 있는 자연환경이 잘 보전되기를 간절히 바라는 마음에서 드리는 말씀입니다. 고매하신 인간님들께서 비록 하찮게 여기시는 미물(微物)의 말이지만 부디 귀담아 들어주시기 바랍니다."

m i c r o o r g a n i s m

"인간 세상에는 무위도식하는 사람들이 제법 많다고 하대요? 자랑은 아니지만 우린 인간처럼 쩨쩨하게 살진 않아요. 우리도 식물에 얹혀살긴 하지만, 그 대신 식물에 필요한 질소 영양분을 공급해주죠. 질소 분자가 얼마나 떼어내기 힘든지 알면 여러분도 우릴 무시하지 못할걸요. 지구의 모든 생명체가 우리의 활동에 의존하고 있다고 해도 과언이 아니에요, 암요, 그렇고 말고요."

–질소고정 세균이 하는 말

제16강

놀고먹는 사람은 있어도 놀고먹는 미생물은 없다

요즘 몸만들기를 열심히 하는 사람들을 자주 봅니다. 단지 옷맵시를 내기 위해서가 아니라 건강한 몸을 만들기 위해서 말이죠. 이런 각오가 현실이 되려면 올바른 식단 조절과 함께 적절한 운동이 반드시 따라와야 합니다. 아울러 본격적으로 근육 운동을 시작한다면, 특히 중년 이후에는 아미노산을 충분히 섭취해야 하죠. 아미노산은 단백질을 만드는 기본 재료이고, 단백질은 근육의 주성분이니까요. 충분한 아미노산을 공급해 체내 단백질 합성을 높이면 근육 손상 방지 및 운동 후 근육통 예방에 도움이 된다고 합니다.

우리는 보통 고기와 달걀, 두부 같은 음식에서 아미노산을 얻습니다. 반면 식물은 필요한 아미노산을 스스로 만들 수 있죠. 그렇다면 미생물은 어떨까요? 상당수의 미생물도 이런 자급 능력이 있습니다. 아미노산을 합성하려면 질소 영양소가 많이 필요합니다. 가장 흔한 질소 영양소는 질소 가스(N_2) 자체입니다. 공기 성분 78% 정도가 질소이므로 재료는 어디든 널려 있는 셈이죠. 문제는 질소 가스를 직접 이용할 수 있는 능력은 극소수 세균의 전매특허라는 사실이죠.

천연 질소 비료를 만드는 미생물

1885년 네덜란드의 미생물학자 마르티누스 베이제린크(Martinus Beijerinck, 1851~1931)는 공기에서 질소 가스를 취해 암모니아(NH_3)를 만드는 세균을 흙에서 분리했습니다. '질소고정' 세균을 세상에 데뷔시킨 것이죠. 이들이 만든 암모니아는 여러 토양 세균에게 좋은 먹이가 됩니다. 질소 원자 하나에 수소가 세 개나 붙은 걸 보니 엄청 환원된 상태이고, 그만큼 에너지가 많이 들어 있음을 간파할 수 있겠죠?(잘 이해되지 않으면 147쪽 참조).

암모니아를 섭취한 세균은 거기서 에너지를 뽑아 쓰고(즉 산화하고) 질소 배설물을 내놓습니다. 그러면 식물이 뿌리를 통해 이를 흡수하여 질소원을 충당합니다. 한 종의 배설물은 다른 종의 먹이가 된다고 앞서 얘기한 적 있죠?

그런데 말입니다. 일부 식물은 아예 질소고정 세균을 안으로 맞아들여 함께 삽니다. 예컨대, 콩나무 뿌리에 주렁주렁 달린 뿌리혹은 이런 세균 손님들이 머무는 사랑방이죠. 식물은 뿌리 주변으로 특정 화합물을 퍼뜨려 질소고정 세균을 초대합니다. 세균 역시 화합물을 배출해 여기에 화답하죠. 수락 신호가 접수되면, 식물은 뿌리 모양을 바꾸어 가며 손님

맞을 채비를 합니다. 뿌리 안으로 세균이 들어오면 식물은 막으로 이들을 둘러쌉니다. 그 안에서 세균은 잘 먹고 자라면서 열심히 질소고정을 해서 아미노산을 생산하죠. 식물에 질소 영양분을 꾸준히 공급하는 것으로 머물 수 있는 공간을 내준 데 보답한다는 말입니다. 그런데 만약 사랑방을 차지한 손님이 빈둥빈둥 놀고먹는다면 식물은 어떨까요? 그야말로 재앙이 될 겁니다.

하지만 안심하세요. 세균은 간교한 인간처럼 의도적으로 무전 숙식을 하지는 않습니다. 다만 증식 과정에서 우연히 질소고정 능력이 상실된 돌연변이체가 드물게 생겨나기는 하지요. 이렇게 되면 어쩔 수 없이 질소고정 임무에서 면제되고 말죠. 덕분에 힘들게 일하는 동료 세균들보다 빨리 자랍니다. 시간이 지나면서 이 사랑방에는 의도치 않게 무위도식하는 세균 무리가 넘쳐나게 되겠죠? 비록 고의성이 없다고 해도 식물 입장에서는 이런 직무 태만을 용납할 수 없습니다. 식물은 문제가 있는 방을 감지해서 마땅한 조처를 취합니다. 질소고정 능력이 떨어진 뿌리혹의 노화를 빠르게 진행해 결국 뿌리에서 떨어뜨려 버리죠.

질소 분자는 두 개의 질소 원자가 삼중 결합으로 붙어 있는 매우 안정된 구조입니다. 그래서 반응성이 매우 낮기 때문에 쉽게 화합물을 만들지 않아요. 비유로 말하면, 둘 사이가 너무나 끈끈해서 자기들 말고 다른 이에게는 관심이 없는 단짝과 같습니다.

질소고정 세균은 이 질긴 결합을 끊고, 수소 원자를 붙여 암모니아를 만들어내야 합니다. 이는 깐깐한 솔기를 한 땀 한 땀씩 끊고 다시 새로운 땀을 떠야 하는 바느질 이상으로 힘든 일이죠. 물론 비가 내릴 때 내려치는 번개도 질소 기체의 결합을 끊어 비옥한 빗물을 뿌리곤 하는데요, 질소고정 세균에 비하면 지구상의 생명들에게 주는 도움은 그야말로 조족지혈(鳥足之血) 수준입니다.

지구의 모든 삶이 이 질소고정 세균들에 의존하고 있음을 생각하면, 우리가 하찮게 여기는 이 미물(微物)이야말로 더없이 소중한 미물(美物)로 느껴질 정도입니다.

인공 질소 비료를 만든 '독가스의 아버지'

앞서 자연환경에서는 보통 질소 영양소가 부족해서 광합성이 제약을 받기 때문에 농업 생산량 확보를 위해 질소 비료를 사용한다고 말한 거 기억하죠? (156쪽 참조) 질소 비료가 아니라면 인류는 식량난에 빠져서 현대인의 절반은 아사를 면치 못할 겁니다. 아니, 애당초 태어나지도 못했을 겁니다. 이뿐만이 아닙니다. 식물은 가축 사료와 종이나 옷감 같은 생필품의 원재료이기도 합니다. 그러니까 농작물이 제대로 못 자라면 우리는 굶주림에 더해 헐벗음을 감내해야 합니다. 다행히 20세기 초반 한 독일 화학자가 이러한 문제를 해결하는 돌파구를 열었습니다.

1905년 프리츠 하버(Fritz Haber, 1868~1934)는 질소와 수소를 결합해 암모니아를 만드는 인공 질소 고정법을 발명했습니다. 곧이어 그는 유명 화학회사 바스프(BASF)의 화학자 카를 보슈(Carl Bosch, 1874~1940)와 손을 잡고 '하버-보슈 공정' 개발에 성공했죠. 인류에게 질소 비료 생산법을 선물한 겁니다.

이 덕분에 농업 생산량이 획기적으로 늘어나 인류가 기아의 수렁에서 점차 빠져나올 수 있게 되었습니다. 이 공로로 하버는 1918년 노벨 화학상을 받았습니다. 그런데 이런 사실에도 불구하고 하버는 인류에게 존경의 대상이 아니라 증오의 대상으로 기억되며 '독가스의 아버지'라고 불리기도 합니다. 도대체 무슨 일이 있었던 걸까요?

제1차 세계 대전이 막바지로 갈수록 독일은 패색이 짙어갔습니다. 이때 하버가 독일의 무모한 해결사 역할을 합니다. 그 당시 독일은 폭탄 제조에 필수 원료인 질산염을 칠레의 광산에서 들여오고 있었죠. 그런데 영국이 제해권(군사, 통상, 항해 등에 관하여 해상에서 가지는 권력)을 장악하자 독일은 곤경에 처합니다. 이때 하버의 화학이 빛을 발합니다. 질산염 합성 기술을 개발하여 독일의 숨통을 틔운 것이죠. 영웅심에 도취한 그는 선을 넘고 말았습니다. 인류 최초의 화학 무기인 독가스까지 개발하게 된 것이죠. 어쩌면 인공 질소 고정법도 이런 비인도적 무기 개발 노력에서 나온 부산물일지 모르겠습니다.

기록에 따르면, 1915년 4월 22일 하버는 전쟁 역사상 처음으로 감행된 독가스 공격의 선봉에 서 있었습니다. 얼마 후 동료 과학자이기도 했던 그의 아내는 남편의 광기에 괴로워하다 권총으로 극단적인 선택을 하고 맙니다. 하버 자신도 유대인이라는 이유로 결국 나치에게 토사구팽당하고, 1934년 스위스 바젤에서 객사하고 말죠. 하지만 그가 개발한 독가스는 나치의 손아귀에 들어가 인류에게 있어서는 안 되는 홀로코스트(제2차 세계 대전 당시 나치 독일이 저지른 유대인 대학살) 만행의 도구가 되었습니다.

인공 질소 비료의 두 얼굴

오늘날 전 세계에서 해마다 생산되는 합성 질소 비료 양은 1억 톤이 넘는다고 합니다. 이것이 없다면 지구인 절반은 아사를 면치 못했을 겁니다. 아니 아예 태어나지도 못했을 거라는 표현이 더 맞겠네요.

안도의 한숨을 쉬고 나니, 인공 질소 비료의 제조법이 궁금해집니다. 그런데 세상을 바꾼 기술치고는 그 원리가 비교적 간단해요. 원료인 질소와 수소 기체를 섞고 금속 촉매를 첨가한 상태에서 고온 고압(약 200기압, 200도)을 가하는 게 전부라네요.

물론 에너지가 엄청나게 필요합니다. 인공 질소 비료 생산 공장에서 사용하는 에너지가 전 세계 에너지 소비량의 2% 정도나 된다고 하니 말 다했죠. 도대체 이 많은 에너지는 어디서 올까요? 대부분 화석 연료에서 오죠. 그렇다면 인공 질소를 많이 만들수록 온실가스인 이산화탄소의 양도 많아진다는 얘기가 되네요. 여기서 끝이 아닙니다.

농경지에 뿌려진 질소 비료는 농작물만 섭취하는 게 아닙니다. 여러 미생물도 뜻밖의 특식을 즐기게 되지요. 미생물들은 암모니아를 많이 먹은 만큼 질소 배설물도 많이 내놓죠. 공교롭게도 이런 배설물은 물에 잘 녹아요. 빗물에 씻겨 지하수와 강물로 들어가면 골칫거리가 됩니다.

실제로 질소 배설물은 자연환경에서는 부영양화(질소 화합물 따위를 과다 함유한 더러운 물이 호수나 강으로 흘러 들어가 이것을 양분 삼아 플랑크톤이 비정상적으로 번식하여 수질을 오염시키는 것)를, 우리 몸 안에서는 청색증(혈액 내 헤모글로빈 문제로 피부나 점막에 푸른 빛이 나는 증상)을 일으키거든요. 이런 질소 화합물이 체내로 들어오면 핏속 헤모글로빈에 결합하여 산소 운반을 방해합니다. 그래서 오염된 물을 지속적으로 먹으면 피부, 특히 입술과 손끝, 귀가 산소 부족으로 검푸르러집니다.

뒤늦게 알게 된 이런 문제의 책임을 기술 자체나 개발자에게 물을 수만은 없겠죠. 그건 우리의 무책임함과 무능함을 스스로 인정하는 것밖에 안 되니까요. 그동안 누려온 혜택과 섣부른 기술 운용도 부인할 수 없고요.

이런 문제를 해결하려면 용의주도한 전략을 세워야 합니다. 현재 콩과 작물은 인간에게 필요한 단백질의 30% 이상을 공급하고 있습니다. 지속 가능한 농산물 생산을 이끌 수 있는 영순위 후보라 할 수 있죠. 콩과 작물을 질소고정 능력이 탁월한 세균과 협업하게 한다면 친환경적으로 생산량을 높일 수 있을 것입니다. 하지만 오랜 친구 세균과의 정이 깊어서인지, 이들 콩과식물은 인간이 소개한 새 짝을 그다지 탐탁하게 여기지 않는 것 같습니다. 현재 최신 생명공학 기술을 동원하여 이런 낯가림을 줄이려는 연구가 진행되고 있답니다.

흑진주보다 더 아름다운 흙 속의 진주

고대 그리스어로 생명을 말할 때, 정치적 생명은 '비오스(bios)', 생물학적 생명은 '조에(zoe)'로 쓴다고 합니다. 비오스는 생물학(biology)의 어원이 되어 그 의미를 확장했죠.

이에 반해, 조에는 18세기 후반 산소를 발견하는 과정에서 얄궂게 생물학 용어로 들어왔어요. 당시 과학자들은 밀폐된 용기에 동물과 함께

양초를 켜두면 동물이 죽게 되는 이유가 산소가 소진되기 때문임을 알아냈습니다. 또한, 이때 남아 있는 공기 성분의 대부분이 질소라는 사실도 발견했죠.

이런 사실에 근거하여 프랑스 화학자 앙투안 라부아지에(Antoine Lavoisier, 1743~1794)는 질소를 '아조테(azote)'라고 명명했습니다. '조에' 앞에 부정(不定) 접두사 '아(a)'를 붙여 '생명 없음'을 뜻한 것이죠.

따라서 이름이 '아조'로 시작하는 세균들은 모두 질소와 관련된 독특한 대사 능력을 지니고 있습니다. 일례로, 아조토박터(*Azotobacter*)는 대표적인 자유 생활 질소고정 세균 무리를 일컫습니다. 쉽게 말해서, 식물의 뿌리 속이 아니라 흙 속에서 자유롭게 살아가며 질소를 고정하는 세균들이죠.

자유 생활 질소고정 세균은 식물 뿌리 근처에서 주로 발견되며, 실제로 초원과 숲, 툰드라 등지에서 질소 공급에 큰 역할을 하고 있습니다. 이처럼 별다른 대가 없이 천연 질소 비료를 토양에 공급하는 세균들에게서 새로운 희망을 봅니다. 이들을 적극적으로 육성하고 지원하면 토양 자체를 비옥하게 만들 수 있을 테니까요. '생명(bios) 없는' 미미한 것들이 생명을 풍요롭게 하는 삶의 역설적 단면이 아닐 수 없습니다.

지구의 거의 모든 삶을 부양하는 생명 활동은 1m 남짓한 깊이의 흙 속에서 일어납니다. 지구의 반지름(약 6,400km)의 1000만 분의 1에도 미치지 않는 두께네요. 이것이 바로 살아 숨 쉬는 지구의 살갗입니다. 같은 식으로 계산하면 사람의 피부 두께(평균 약 2mm)는 보통 사람 키의 1000분의 1을 조금 넘어요. 비율만 놓고 보면 지구 피부가 훨씬 더 얇고 더 연약한 셈입니다. 지구 피부에 생기를 불어넣는 영양분 공급의 근원에는 이처럼 여러 질소고정 세균이 자리 잡고 있습니다.

정현종 시인은 1989년에 발표한 '흙냄새'에서 이렇게 노래하고 있습니다.

> 흙냄새 맡으면 세상에 외롭지 않다.
>
> (……)
>
> 이 깊은 향기는 어디 가서 닿는가. 머나멀다. 생명이다.
>
> (……)
>
> 흙냄새여 생명의 한통속이여. 흙 속의 진주!

시인의 놀라운 통찰력에 미생물학이 화답합니다. 흑진주보다 더 아름다운 '흙 진주'의 정체는 바로 질소고정 세균이라고!

“내가 뜨거운 걸 미치도록 좋아한다는 거, 말한 적 있나요? 한번은 미생물학자들이 나를 섭씨 121도 고압 멸균기에 넣고 온종일 삶더군요. 그러면 죽을 줄 알았나 봐요. 나는 죽기는커녕 두 배로 증식했죠. 그러자 이번엔 섭씨 130도까지 온도를 올렸어요. 가만히 있었더니 내가 죽은 줄 알았나 봐요. 온도를 103도까지 내리더군요. 그래서 나는 언제 그랬냐는 듯이 다시 움직였죠. 인간들이 놀라는 게 재밌더군요. 하지만 지구상의 모든 생물이 다 같은 조건에서 살아야 하는 건 아니잖아요.”

–뜨거운 것을 끔찍하게 좋아하는 고세균이 하는 말

17강

가장 깊은 곳, 가장 뜨거운 곳, 가장 어두운 곳에서도 산다

프랑스 작가 쥘 베른(Jules Verne, 1828~1905)이 1869년에 발표한 공상과학 소설 『해저 2만 리』에서 '리'는 프랑스어 '리우(Lieue)'를 번역한 겁니다. 이것은 옛날에 유럽에서 사용했던 길이 단위로 보통 어른이 1시간 동안 걷는 거리를 말하죠. 우리가 익숙한 미터법으로 어림하면, 1리우는 4km 정도입니다. 그러니까 2만 리우는 얼추 8만km인 거죠. 지구 둘레가 4만km 남짓임을 생각하면, 주인공은 잠수함을 타고 지구 두 바퀴를 돈 셈이네요. 그런데 조금 이상하네요.

"나를 버리고 가시는 임은 십 리도 못 가서 발병 난다."라는 '아리랑' 가사를 생각해 보세요. 10리는 4km에 해당합니다. 그러니 8만km는 2만 리가 아니라 20만 리에 해당하잖아요. 20만 리를 2만 리로 표기하다니 엄청난 오역이네요. 그렇긴 하지만, 이 소설이 일제 강점기 우리나라에 번역된 공상과학소설이라는 것을 고려하면 이해의 여지가 있네요. 일본에서는 1리가 우리의 열 배인 4km랍니다. 그러니 일본어로 번역하면 2만 리가 되는 셈이죠. 아무튼, 첨단 기술로 제작된 잠수함으로 신비로운 바다 세계를 탐험한다는 이 천재 작가의 상상력은 1세기가 지나서야 현실이 됩니다.

달 착륙 이후 8년 만에 이뤄진 첫 심해저 탐사

보통 2,000m보다 깊은 바다를 '심해저'라고 합니다. 여기서 돌발 퀴즈! 달과 심해저 둘 가운데 인류가 어디를 먼저 가보았을까요? 정답은 달입니다. 1969년 7월 20일, 세계인이 텔레비전을 지켜보는 가운데 미국 우주선 아폴로 11호가 달 착륙에 성공합니다. 달에 인류의 첫발을 내디디며 닐 암스트롱(Neil Armstrong, 1930~2012)은 이렇게 말합니다.

"이것은 한 인간에게는 한 걸음이지만 인류에게는 위대한 도약이다."

이는 인류 역사 내내 신비와 동경의 대상이었던 달이 과학의 영역으로 들어오는 순간이었고, 천문학을 비롯한 과학 대중화의 출발점이기도 했습니다. 얼마나 큰 이슈였는지 심지어 그해 유행했던 눈병에 '아폴로 눈병'(정식 명칭: 급성출혈성결막염)이라는 이름이 붙여질 정도였으니까요.

그런데 정작 우리가 사는 지구 심해저를 제대로 보기 위해서는 달에 착륙하고 나서도 8년을 더 기다려야 했습니다. 1977년 2월, 인류 역사상 처음으로 잠수정 '엘빈(Alvin)호'가 약 3,000m 깊이에 있는 갈라파고스 단층에 도달합니다. 수심이 10미터씩 깊어질 때마다 압력은 1기압씩 높아집니다. 따라서 3,000m 물속에서는 300기압이라는 엄청난 압력을 받게 되지요. 이는 어른 엄지손톱만 한 넓이에 300kg 무게를 올려놓은 것과 같습니다. 잠수정이 이런 엄청난 힘을 견뎌내려면 특수한 소재와 제작 기술 없이는 불가능하겠죠.

엘빈(Alvin)호에 탄 과학자들은 뜨거운 바닷물이 솟구쳐 나오는 열수구를 보고 탄성을 질렀습니다. 쉽게 말해서 열수구는 심해에서 일어나는 화산 활동입니다. 마그마와 함께 뿜어지는 바닷물 온도는 섭씨 200~400도에 달하죠. 여기에는 황화수소와 철을 비롯한 여러 광물이 녹아 있어서 색이 검습니다. 이 때문에 검은 연기가 뿜어져 나오는 것처럼 보인다고 하여, 이 물기둥을 '블랙 스모커(black smoker)'라고 부르기도 한답니다.

더욱 놀라운 광경은 열수구 주변에 사는 다양한 생물 무리였습니다. 그 가운데 흡사 위쪽에 빨간색 잎이 달린 나무와 같은 생명체는 압권이었습니다. 그런데 더더욱 놀라운 건 이들이 식물이 아니라 동물이라는 사실이었죠. 이전까지는 심해저에는 생물이 거의 없을 것으로 생각했기에 모두 경이로움에 입을 다물 수 없었답니다. 칠흑 같은 어둠 속을 유유히 전진하는 잠수정의 서치라이트 빛줄기에 펼쳐지는 신기한 생명체의 파노라마를 상상해 보세요. 상상만 해도 숨이 멎을 것 같지 않나요?

암흑의 심해에서 관벌레가 사는 법

◀ 관벌레는 어떻게 생겼을까.

열수구 주변에 흐드러진 관벌레(tube worm)는 거기서 사는 무척추동물입니다. 유충 시절에는 자유롭게 헤엄을 치며 방랑 생활을 하는데, 성체는 고착 생활을 합니다. 어른 관벌레는 2m가 넘는 길이에 몸통 지름만 5cm 정도입니다. 겉모습만 보면 하얀 고무관 위에 붉은색 깃털이 달린 것 같죠. 성장하면서 도대체 무슨 일이 있었길래 어릴 적 천방지축인 모습은 온데간데없고 이런 모습을 하게 되었을까요?

자유롭게 헤엄쳐 다니던 관벌레가 어느 정도 자라면 운동성이 떨어지기 시작합니다. 나이가 들면서 점잖아진다고 볼 수도 있겠네요. 이즈음에 아주 작은 친구들이 관벌레 몸 안으로 들어옵니다. 황세균이 바로 그 주인공이죠.

이 마이크로 새 친구를 사귀면서 관벌레의 몸에는 놀라운 변화가 시작됩니다. 소화관이 커지면서 '트로포솜(trophosome)'이라는 독특한 기관으로 거듭납니다. 하얀색 고무관 같은 몸통을 이루는 이 기관 안에는 황세균이 가득 들어찹니다. 결국, 황세균은 관벌레 몸무게의 절반 정도를 차지하게 되죠. 빨간색 깃털 모양은 관벌레의 아가미인데, 헤모글로빈 때문에 붉게 보이는 것입니다.

어쨌거나 놀랍게도 관벌레는 동물임에도 입과 항문, 소화 및 배설 기관 따위가 따로 없고, 헤모글로빈이 오가는 혈관 정도만 지니고 있어요. 아가미를 통해 물에 녹아 있는 황화수소와 이산화탄소를 흡수하여 트로포솜으로 보내는 기능 정도만 하는 거죠. 나머지는 공생하는 황세균이 다 해결해줍니다.

앞서 설명한 광합성 원리 기억하죠? 광합성에서는 빛 에너지로 물(H_2O) 분자에서 수소(H) 원자와 전자(e^-)를 떼어낸 다음에 이산화탄소(CO_2)와 결합시켜 포도당($C_6H_{12}O_6$)을 만들어냅니다. 황세균은 황화수소(H_2S)를 분해하면서 에너지를 얻습니다. 그리고 바로 이것을 빛 에너지 대신 탄소고정에 사용합니다. 그래서 이 과정을 광합성에 빗대어 '화학 합성'이라고 부릅니다.

결국, 이 모든 것의 시작점에는 햇빛 대신 황화수소를 이용하여 번성하는 미생물(황세균 등)이 있는 거지요. 이들은 좀 더 큰 생물의 먹이가 되어 먹이 사슬의 기본을 형성함으로써, 관벌레와 조개, 새우 등 다양한 생물이 살아갈 수 있는 낙원을 제공합니다. 땅 위에서 녹색 식물이 하는 역할을 저 깊은 암흑의 심해에서는 아주 특별한 미생물들이 수행하고 있는 셈이죠.

뜨거운 것이 좋아

심해 깊은 곳에 사는 미생물을 살펴봤으니 이제 다른 극한의 환경에서 살아가는 미생물도 살펴볼까요?

'테르무스 아쿠아티쿠스(*Thermus aquaticus*)'라는 세균이 있습니다. '열'을 뜻하는 그리스어 'thermos'와 '물'을 뜻하는 라틴어 'aqua'에서 유래한 학명입니다. 1966년, 미국 옐로우스톤 국립공원 온천수에서 분리된 세균답게 섭씨 70도에서 가장 잘 자라고, 80~90도까지도 거뜬합니다. 반대로 50도 아래로 내려가면 얼어(?) 죽을 판이죠.

고온에서 사는 만큼 이 세균이 지닌 효소들은 열에 강합니다. 이들 가운데에는 우리 인간에게 요긴한 게 많습니다. 대표적으로 이 세균이 자기 DNA를 복제하는 데에 사용하는 효소는 1980년대 후반부터 시험관에서 원하는 유전자를 증폭하는 데 널리 쓰이고 있습니다.

유전자를 증폭할 때는 열을 가해 DNA 이중나선을 떨어뜨리는 과정이 필요합니다. 그러니 열에 강한 효소가 필수적인데, 테르무스 아쿠아티쿠스 효소가 제격이죠. 이 덕분에 현대 생명공학의 핵심 기술로 자리매김한 이른바 PCR(polymerase chain reaction, 중합효소 연쇄 반응) 기술은 범죄 수사 영화나 드라마에도 자주 등장합니다. 사건 현장에 있는 혈흔 또는 머리카락 한 올에 있는 소량의 DNA에서 특정 유전자를 증폭하여 결정적인 증거를 확보하는 바로 그 기술이죠. 더욱이 PCR은 유전병 진단 및 모니터링에도 널리 사용되고 있고, 최근에는 코로나 19 진단 검사에도 사용하고 있습니다. PCR이 아니면 신속 정확한 코로나 19 진단 검사는 꿈도 못 꾸죠.

1997년에는 상식을 파괴하는 고세균 하나가 발견됩니다. '파이롤로부스 퓨마리(*Pyrolobus fumarii*)' 역시 이름으로 자기소개를 합니다. '불'을 뜻하는 그리스어 'pyro-'와 '껍데기'를 뜻하는 라틴어 '-lobus'가 합쳐진 속명에, '연기'를 뜻하는 라틴어 'fumus'에서 유래한 종명을 가지고 있으니까요. 이 고세균이 단백질 껍데기를 가진 구균이고, 블랙 스모커가 솟구치는 열수구 주변에서 분리되었다는 사실을 이름만으로도 명백하게 알려 주는 것이죠.

파이롤로부스 퓨마리는 섭씨 106도에서 제일 행복하게 살고, 113도에서도 충분히 자랍니다. 하지만 90도 이하로 내려가면 추워서 못살죠. 심지어 섭씨 121도 고압 멸균기에서도 1시간 동안이나 생존할 수 있다네요. 같은 조건에서 보통 세균들은 15분이면 완전히 사멸하는데 말입니다. 더구나 이 고세균은 열수구에서 나오는 황화합물만 있으면 식사 걱정 완전 해결입니다. 펄펄 끓는 물에서 유유자적하는 삶이 도무지 믿기지 않네요. 그런데 이보다 더한 고수가 있다니 도대체 미생물의 생존 능력은 어디까지일까요?

2003년 유명 학술지 「사이언스(Science)」에 '균주 121'이라 명명된 고세균이 보고되었습니다. 뜨거운 것을 끔찍하게 좋아하는 이 녀석은 섭씨 121도 고압 멸균기 속에 넣고 온종일 삶아도 생존합니다. 아니 생존하는 정도가 아니라 두 배로 증식까지 한답니다. 결국, 130도까지 올리고 나서야 비로소 성장을 멈췄다네요. 마침내 이 고세균이 죽었다고 생각하고, 온도를 내리자 103도에서 다시 자라기 시작했다니, 할 말이 없네요.

뉴밀레니엄을 코앞에 둔 1999년 개봉한 영화 포스터를 보고 혼자 머릿속에 그렸던 생각이 문득 떠오르네요. 1998년 세모의 거리에서 '태양은 없다'라는 제목 위로 활짝 웃고 있는 멋진 두 남자 배우(정우성, 이정재)를 부러운 눈으로 바라보다가 미생물학자 특유의 지적할 거리를 하나 찾았습니다. 포스터에는 이런 광고 문구가 박혀 있었습니다.

"마지막은 폼나게 가는 거야!"

'태양이 없는데 무슨 폼이 나지? 깜깜해서 아무것도 보이지 않을 테고, 태양이 없으면 광합성도 할 수 없고, 광합성을 못하면 모두 배고픔에 시달리다 마지막을 맞이할 텐데….'

괜한 꼬투리를 잡으며 걸음을 옮기려는데, 아차 싶은 마음에 발길을 멈췄습니다.

"저 영화의 진짜 주인공은 심해에 사는 미생물이구나!"

“나, 플라노코쿠스 할로크리오필루스는 북극 영구동토층 출신으로서 극한에서 살아남아 겨울 왕국의 왕좌를 차지했습니다. 하지만 내가 추위를 좋아한다고 생각한다면 하나는 알고 둘은 모르는 것입니다. 나, 플라노코쿠스 할로크리오필루스는 영상 15도를 웃도는 여름과 영하 40도 아래로 곤두박질치는 겨울을 버티며 혹독하게 나 자신을 단련해왔습니다. 나는 추위를 좋아하는 게 아닙니다. 극한의 환경에서도 살아남는 법을 고난을 통해 터득한 것입니다.”

–엄혹한 환경에서 스스로를 단련해온 어느 세균 고수의 말

제18강

미생물은 엄혹한 환경에서 자신을 단련한다

앞장에서 뜨거운 걸 끔찍하게 좋아하는 미생물을 만났으니, 이번에는 정반대로 추위를 즐기는 미생물을 소개할게요. 우리 속담에 "대한(大寒)이 소한(小寒)의 집에 가서 얼어 죽는다"는 말이 있어요. 기후 변화 탓인지 절기의 권위가 예전 같지는 않지만, 그래도 보통 이 무렵 추위는 매섭습니다. 롱패딩에 목도리를 두르고 집을 나서도 칼바람을 이겨내는 게 만만치 않죠.

추위가 버겁기는 야생 생물도 마찬가지입니다. 다들 나름의 방식으로 겨울을 나지요. 들짐승은 주로 고기능성 모피로 무장합니다. 일부는 아예 겨울잠을 자거나 따뜻한 곳으로 피서(避暑)의 반대인 피한(避寒)을 떠나죠. 추위를 피해 움직일 수 없는 식물은 모든 잎을 떨구고 단단한 나무껍질 속에서 추위를 견뎌냅니다. 이러한 생물의 월동 대책은 세포 수준에서도 마찬가지입니다.

세포막이 엄동설한을 버티는 방법

유기체 또는 생명체로 번역되는 영어 단어 'organism'의 어원을 짚어 보면, '기관(organ) 집합체'라는 뜻입니다. 호흡기, 소화기, 순환기 등과 같은 기관은 '조직(tissue)'이 모인 것이죠. 그리고 조직은 또다시 생명 현상이 일어나는 최소 단위인 '세포(cell)'로 나눌 수 있습니다. 이처럼 생물은 정교한 조직 체계를 갖추고 있는 시스템입니다.

'생명 시스템(living system)'은 낮은 수준에서 높은 수준에 이르는 계층 구조(세포→조직→기관→개체)를 이루는데, 수준이 높아질 때마다 더 낮은 수준으로는 설명할 수 없는 특징, 곧 '창발성(emergent property)'이 생겨나죠. 생물학에서는 세포를 '생명 현상'이라는 창발성이 나타나는 최소 단위로 봅니다. 세포로 이루어진 생명체는 발생과 성장, 물질대사, 생식 및 유전을 하며 자극에 반응하고 항상성을 유지합니다. 그러므로 단세포 생물이 존재하는 거죠.

모든 세포는 세포막을 통해 필요한 영양분을 흡수하고 노폐물을 배출합니다. 그런데 세포막이 제대로 기능하기 위해서는 유동성을 유지해야만 합니다. 그렇지 않으면, 동면 동물도, 앙상한 겨울나무도 엄동설한에 살아남을 수가 없겠죠. 쉽게 말해서, 세포막은 기본적으로 '기름막'입니다. 여기에는 포화지방과 불포화지방이 역동적으로 섞여 있습니다.

여기서 역동적이란 말은 두 지방의 조성 비율이 바뀔 수 있다는 뜻입니다. 고기를 구울 때 나오는 기름은 식으면 굳어 버리죠. 반면, 식용유는 냉장 온도에서도 여전히 액상으로 존재합니다. 동물성 기름에 상대적으로 포화지방이 많아서 생기는 현상인데, 바로 이것이 세포막의 유동성을 유지하는 비결입니다.

한마디로 지방 포화도를 조절하면 세포막 유동성을 적절하게 유지할 수 있다는 말이죠. 다시 말해, 온도가 내려가면 불포화지방 비율을 늘려서 굳지 않도록 하면 되겠죠. 아울러 콜레스테롤 양을 늘리는 것도 추위에 대응하는 또 다른 방법입니다. 겨울잠을 자는 동물들은 체온이 보통 섭씨 5도 정도까지 떨어집니다. 그런데도 세포막은 굳지 않고 생명 유지 기능을 수행하죠. 바로 불포화지방과 콜레스테롤 비율이 늘어났기 때문입니다. 이로 인해 신경세포를 비롯하여 많은 종류의 세포들이 외부 자극에 둔감해지기는 하지만요.

추위에 대비하는 미생물의 방한 기술

동물이나 식물과 달리 대부분의 미생물은 세포 하나가 곧 개체인 단세포 생물입니다. 안타깝게도 이들은 오로지 맨몸(세포)으로 추위를 견뎌야 하죠. 피할 수 없으면 즐기라고 했던가요? 미생물 중에는 용을 써서 추위를 버티는 게 아니라 아예 추위를 즐기는 미생물도 있답니다.

북극과 남극을 비롯하여 동토 환경에서 주로 발견되는 호냉성 미생물들이죠. 이 미생물은 빙점(섭씨 0도)에서도 자랍니다. 이들에게 최적 온도는 영상 10도 정도이고, 우리에게는 쾌적한 온도인 영상 20도 정도에서는 열사(熱死) 하기도 합니다. 우리의 상식으로는 이해하기 어렵죠. 이들의 추위 사랑과 사망 원인은 모두 유연성에 있습니다.

호냉성 미생물 효소는 그 구조가 상대적으로 유연합니다. 그 덕분에 낮은 온도에서도 경직되지 않고 생체 반응을 수행할 수 있죠. 하지만 저온에서 탁월한 유연성을 지닌 효소는 온도가 올라가면 쉽게 성질이 변한다는 치명적 약점이 있어요.

어쨌든 이런 특성 때문에 저온 효소는 바이오 산업에 매우 요긴하게 사용됩니다. 시중에서 흔히 볼 수 있는 찬물에서도 때가 잘 빠지게 하는 세제가 좋은 사례죠. 보통 이런 제품에는 양극 해나 시베리아 벌판처럼 추운 곳에서 사는 미생물에서 추출한 단백질이나 기름 분해 효소가 들어 있답니다. 저온 효소 유전자에 생명공학 기술을 적용하여 분해능이 뛰어난 효소를 값싸게 대량으로 생산해서 세제에 첨가한 것이죠.

양극과 에베레스트 같은 대륙 최고봉 지역을 포함한 지구의 약 1/5은 동토입니다. 수은주가 주로 빙점 아래에 머물러 있는 곳이죠. 잘 알려진 대로 생명체의 약 70%를 차지하는 물은 액체일 때보다 고체일 때 부피가 더 커지죠. 추운 환경에서 사는 단세포 생물에게 이건 큰 문제가 아닐 수 없습니다. 여름철에 음료수 병을 빨리 차게 하려고 냉동실에 넣어 두었다 깜박한 경험이 있다면 상황을 이해하기가 쉬울 것 같네요. 음료수가 얼면서 병이 깨지듯이 세포를 채우고 있는 물이 얼면서 팽창하면 세포가 터져버리고 맙니다. 아무리 추위를 사랑한다고 해도 단세포 미생물에게는 치명적인 약점인 셈이죠.

추위 사랑 미생물은 독특한 당류를 많이 만들어 이런 참사를 막습니다. 말하자면 세포액을 자동차 부동액처럼 얼지 않게 만드는 것이죠. 또한, 부동 단백질을 합성하여 마치 단열 뽁뽁이를 붙이듯 세포 표면을 코팅하기도 합니다. 이 단백질은 얼음 결정에 결합하여 세포를 보호해주죠.

이런 부동 당류와 부동 단백질이 호냉성 미생물의 전유물은 아닙니다. 많은 동식물도 다양한 부동제를 만들어 사용하고 있습니다. 양서류와 곤충은 동면 전에 섭취한 녹말을 여러 가지 당으로 바꾸어 체액의 어는점을 낮춥니다. 사철 푸르른 상록수에 있는 부동 단백질은 빙점을 낮추기보다는 식물체 안에서 커다란 얼음 결정이 생기지 않게 하죠. 2019년에는 남극 빙어가 일반 어류보다 부동 단백질을 포함하여 차가운 바닷물에서 견뎌낼 수 있게 하는 유전자를 4배 이상 많이 지니고 있다는 사실이 우리나라 연구진에 의해 밝혀지기도 했답니다. 지금까지 알려진 사실에 근거하면, 생명체의 추위 극복 방법은 정도의 차이가 있을 뿐 유연성이라는 기본기는 똑같은 셈이네요.

겨울 왕국의 초강력 능력자

생명체의 추위 극복 방법을 정리하다 보니, 문득 극한(克寒)에서 살아남는 끝판왕이 궁금해지네요. 현재로서는 북극 영구동토층 출신 세균, '플라노코쿠스 할로크리오필루스(*Planococcus halocryophilus*)'가 왕좌를 차지하고 있습니다.

이 세균은 영하 15도에서 거뜬히 자라고 영하 25도에서도 굳세게 살아갑니다. 주변 온도가 영하로 내려가면 이 세균은 재빨리 단열 시공에 들어가죠. 우선 세포벽을 두껍게 하고 단백질과 석회를 섞은 반죽을 바깥 표면에 바릅니다. 단열재 처리로 오톨도톨해진 세포벽에 둘러싸인 세포 내부에는 유연성을 유지하는 데 필요한 부동제는 물론이고, 같은 반응을 수행하는 효소 유전자가 여러 개 갖추어져 있답니다. 한마디로 온도별로 맞춤형 효소를 만들어 사용한다는 얘기죠.

플라노코쿠스 할로크리오필루스의 극한 생존 비결 뒤에는 반전 매력이 숨어 있습니다. 이 세균의 세포막에서 지방이 조성되는 과정은 일반적인 경우와 반대입니다. 저온에서 오히려 포화 지방 비율이 늘어나는 거죠. 막을 이루는 지방 분자의 길이가 축소되고, 기온 저하에 따른 일련의 변화가 일어나는 걸 보면 우리가 모르는 새로운 방한 기법을 가지고 있음이 분명합니다.

또 하나 흥미로운 사실은, 이 동토의 왕이 가장 좋아하는(잘 자라는) 온도는 영상 25도이고 무더위(37도) 속에서도 성장을 계속한다는 것이죠. 겨울 왕국에 살면서 따뜻함을 선호하다니, 선뜻 이해가 가지 않네요.

북극은 보통 북위 66.5도 이북 지역을 지칭합니다. 이곳은 태양이 지지 않는 여름 백야와 태양이 뜨지 않는 겨울 극야가 존재할 정도로 계절별로 일조량 변화가 매우 큽니다. 이로 인해서 북극은 지역에 따라 기온이 여름에는 영상 15도를 웃돌고, 겨울에는 영하 40도 아래로 곤두박질칩니다. 플라노코쿠스 할로크리오필루스가 보여주는 넓은 성장 온도 범위는 동결과 해동 주기가 반복되는 환경을 반영하는 것 같습니다. 그렇다면 이 세균은 호냉성이라기보다는 엄혹한 환경에서 단련되어 탄생한 전천후 능력자인 셈이네요.

생명체는 자신의 생존과 번식에 필요한 환경이 제공되는 곳에서만 살아갑니다. 그런데 환경 조건은 수시로 바뀌죠. 따라서 현존하는 모든 생물은 이러한 거친 자연의 격랑을 잘 헤쳐온 존재들입니다.

흔히 생로병사로 함축되는 우리네 인생살이도 마찬가지입니다. 세상을 살아가다 보면 크고 작은 고난의 추위를 피할 길이 없죠. 아픔만큼 성숙해진다는 노랫말처럼, 사실 우리도 인생 한파를 극복하는 과정에서 내공이 쌓여갑니다. 말하자면 인생의 어려움을 극복하면서 사고의 깊이와 유연성이 커져서 더욱 강력한 풍파를 극복해 나갈 수 있는 능력이 향상된다는 얘기죠.

문제는 사람마다 이런 능력의 크기가 다르고 때로는 혼자서는 도저히 감당할 수 없는 초강력 인생 한파가 닥치기도 한다는 사실입니다. 어찌 보면 참 모질고 야속한 현실이죠. 그럴 때 우리에게도 겨울 왕국의 미생물 능력자처럼 전천후 보호 장치가 있었으면 좋겠습니다.

극한에도 살아남는 미생물의 끝판왕 플라노코쿠스 할로크리오필루스에게 우리가 아직 모르는 방한 기법이 있는 것처럼 우리에게도 우리 인간만이 가진 방한 기법이 있지 않을까요? 다소 논리의 비약으로 들릴지 모르겠지만 저는 그것이 바로 사랑이라고 생각합니다. 인간이 가슴속에 진정한 사랑만 품을 수 있다면 어떤 인생 한파가 와도 마음이 얼어붙어 부서지는 안타까운 일은 없을 테니까요.

“ 저에겐 아주 확고한 식사 원칙이 있어요. 가장 좋은 음식을 가장 먼저 먹는 것! 다시 말하면 소화하기 쉽고, 칼로리가 높은 것부터 먹죠. 제 메뉴 선택 일순위는 포도당이에요. 포도당만 있으면 다른 건 거들떠보지도 않아요. 여러 가지 음식을 골고루 맛보고 싶지 않으냐고요? 뭐하러 그래요? 포도당이라는 최고급 에너지원이 있는데…. ”

–포도당을 좋아하는 대장균의 말

제19강

인간이 융통성을 발휘할 때, 미생물은 원칙을 지킨다

먹느냐 굶느냐, 그것이 문제로다

프랑스 출신 철학자 겸 작가 사르트르(Jean-Paul Sartre, 1905~1980)가 말하기를, 인생은 B와 D 사이의 C라고 했습니다. B와 D는 각각 탄생(birth)과 죽음(death)을, C는 선택(choice)을 뜻하는 영어 단어의 첫 글자입니다. 거창하게 인생을 논하지 않아도 우리는 매일 선택의 갈림길에서 망설이죠.

"오늘 점심에는 뭘 먹을까?"

매일 반복하는 고민 아닌 고민 아닌가요? 오죽했으면 짜장면과 짬뽕 둘 다 포기할 수 없는 사람들을 위해 '짬짜면'이라는 메뉴까지 등장했겠어요. 뷔페에 가면 아예 선택 불능 상태에 빠집니다. 식단에 대한 절제 따위는 없고 일단 먹고 보자는 식으로 접시를 쌓아갑니다.

어디 그뿐인가요? 큰맘 먹고 시작한 다이어트도 작심삼일이 되기 일쑤입니다. 다이어트에 실패하는 가장 큰 이유가 무엇일까요? 운동을 게을리해서일까요? 아니죠. 대부분은 음식 조절에 실패하기 때문입니다. 주말 오후 1시간 정도 운동을 마치고 샤워로 땀을 씻어내고 개운한 마음으로 소파에 앉아 TV를 켠 순간, 다양한 '먹방'과 방송 앞뒤에 이어지는 치킨과 피자, 그리고 음료 광고까지, 누구나 참기 어려운 충동을 느끼게 되죠. 다이어트는 내일부터 하고 딱 오늘 하루만 먹자고 자기 합리화를 한 경험이 있다면 먹을 것을 놓고 벌이는 본능과 이성의 싸움에서 이성이 이기기가 쉽지 않다는 것을 너무나 잘 알 겁니다.

21세기를 살아가는 구석기인의 식사법

물론 인간이 요즘처럼 먹거리가 풍부한 상황에서도 식욕에 번번이 굴복당하는 데는 진화생물학적인 나름의 이유가 있답니다. 현생 인류의 직계 조상인 호모 사피엔스(*Homo sapiens*)는 지금으로부터 적어도 20만 년 전에 아프리카에서 출현한 것으로 보고 있습니다. 잘 알려진 대로 인류가 돌로 도구를 만들어 사용한 시점부터 약 1만 년 전까지의 시기를 '구석기시대'라고 합니다. 구석기인들은 무리 지어 이동하며 채집과 사냥, 즉 수렵 생활을 했죠. 자연이 주는 대로 먹고살았다는 얘깁니다. 우아하게 말해서 제철 음식을 즐겼다고 볼 수도 있겠네요. 아무튼, 핵심은 먹거리를 구하는 게 그리 쉬운 일이 아니었다는 것이죠.

따지고 보면, 인간의 삼시 세끼는 생물학적인 것이 아니라 문화적 소산입니다. 당장 야생으로 눈을 돌려 보세요. 꼬박꼬박 끼니를 채우는 동물이 어디 있나요? 야생 동물은 어쩌다 실컷 먹고, 훨씬 더 긴 시간을 배고픔과 싸워야 합니다. 구석기인들도 마찬가지였을 겁니다. 먹거리 확보가 쉽지 않았던 그 시절에는 기회가 있을 때 가능한 한 많이 먹고 여분을 몸에 저장해 두는 것이 생존에 유리했을 겁니다. 생물학 용어로 표현하면, 영양분이 풍부할 때 이를 최대로 흡수하여 지방과 같은 고에너지 분자로 체내에 저장할 수 있게 하는 유전자를 가진 개체가 굶주림을 극복하고 살아남을 확률이 높았을 거라는 얘기죠.

그렇게 굶주림에 허덕이던 인류는 불과 100여 년 전에야 비로소 기근에서 벗어나기 시작했습니다. 물론 세계 곳곳에 여전히 배고픔에 시달리고 있는 이들이 많이 있지만, 그것은 생물학적인 문제라기보다는 정치 사회적으로 해결해야 할 문제입니다. 어쨌든 아주 간단한 산수를 통해 인류의 역사를 축약해 보면, 인류사의 99% 이상이 '구석기시대'에 속합니다. 그렇다면, 인류는 이 지구에서 사는 내내 배고픔에 허덕이다 아주 최근에 와서야 풍족하게 먹을 수 있게 된 셈이죠.

그래서인지 우리 몸이 지금의 환경에 제대로 적응하지 못하고 있는 것 같아요. 다시 말해서 생물학적으로는 구석기인의 몸을 가지고 21세기의 문화적 삶을 살아가려다 보니 고통과 어려움이 이만저만이 아니라는 얘깁니다. 가장 대표적인 증거가 바로 살과의 전쟁이죠.

살이 찌는 근본적인 이유는 에너지 과잉 공급입니다. 밥을 먹고 소화가 되면 주성분인 녹말(전분)이 포도당으로 분해되어 피에 녹아 각 세포로 공급됩니다. 그런데 포도당의 공급량이 너무 많아 미처 소비되지 못하고 남으면 그 포도당은 앞날을 대비해서 지방으로 바꿔 우리 몸에 저장되죠. 먹거리 환경이 풍요로워졌다는 사실을 전혀 모르는 구석기인의 유전자가 불확실한 미래를 감당하기 위해 내리는 단호한 지령입니다. 이런 명령이 반복된다는 건 살이 찐다는 얘기죠.

유감스럽게도 현대인은 이처럼 진화생물학적으로 비만해질 수밖에 없는 원초적인 본능을 가지고 있어요. 먹을 것이 있을 때 고칼로리 음식을 많이 먹도록 지시한 유전자가 인류 생존에 이바지한 것을 인정한다면 어쩔 수 없는 결과죠. 인정할 건 인정하자고요. 먹다 지쳐 잠들어도 아침에 눈 뜨면 또 먹을 수 있는 특권은 인간만이 누릴 수 있는 거잖아요. 아울러 만물의 영장이라고 자부하는 인간이라면 때로는 본능을 이겨낼 수 있는 이성을 갖추어야 한다는 사실을 기억하자고요.

원칙과 융통성 사이에서 아슬아슬한 줄타기

식탐은 모든 생물이 지닌 중요한 생존 본능입니다. 보통 단세포로 사는 미생물은 자라서 커지면 두 개로 나뉘는 이분법으로 번식하죠. 이들에게는 식탐에 빠져 먹기에 열중하는 게 삶의 전부라 해도 과언이 아닙니다. 다만 미생물, 특히 세균에겐 아주 확고한 식사 원칙이 있답니다. 세균은 제아무리 진수성찬이 차려져 있어도 가장 좋은 음식, 즉 소화(분해)하기 더 쉽고 칼로리가 높은 것부터 먹기 시작합니다. 예컨대, 대장균은 포도당이 있으면 일체 다른 당류를 거들떠보지도 않습니다. 즉시 그대로 사용할 수 있는 최고급 에너지원이 있는데, 더 고민할 필요가 없다는 거죠. 세균이라고 하찮게 봤는데 꽤 똘똘하죠? 이게 다가 아니랍니다. 이번에는 제가 직접 수행했던 실험 얘기를 하나 할게요.

석유 화합물을 분해하는 새로운 세균 하나를 흙에서 분리해 한 번에 하나씩 다른 물질을 주면서 분해 능력을 조사하고 있었어요. 실험 결과, 이 세균이 수십 가지의 화합물을 거뜬히 먹어 치운다는 걸 알아냈죠. 만약 이 세균에게 두 가지 화합물을 동시에 주면 어떨지 궁금했어요. 그래서 화합물 A(벤조산)와 B(프탈산)를 함께 주고 반응을 관찰했습니다. 그러자 이 세균이 A와 B를 동시에 맛보는 것이 아니라 A를 다 먹고 나서야 B를 먹기 시작하더군요. 여기서 한 가지 의문점이 생겼어요.

'화합물 B가 A보다 칼로리가 높은데 왜 이 세균은 A를 먼저 먹을까?'

처음에는 워낙 많은 화합물을 먹어 치우는 녀석이라 조금 어리숙한가 보다 하고 생각했어요. 그런데 알고 보니 정작 어리숙한 건 바로 저였습니다. 조사 결과, 화합물 A는 토양에 널리 분포되어 있고, B는 상대적으로 훨씬 드물게 접할 수 있는 먹이였어요. 세균 입장에서는 토양에 널리 퍼져 있는 A를 먹는 게 B를 구하러 다니면서 에너지를 쓰는 것보다 훨씬 힘이 덜 드는 일인 거죠. 말하자면 그 세균은 단순히 칼로리를 넘어서 여러 가지 요소를 종합적으로 판단하여 원칙을 가지고 먹이를 골라 먹고 있었던 겁니다. 이처럼 미생물은 인간과 달리 나름의 확고한 메뉴 선택 기준을 가지고 있답니다.

이렇게 생각 없는 단순한 미생물도 해내는 일을 고매한 인간이 어려워하는 경우가 있습니다. 크고 작은 욕심과 이기심 때문이죠. 물론 단세포인 미생물과 고도의 사고 능력을 지닌 인간을 음식 고르는 모양새로

단순 비교한다는 자체가 어불성설일 수 있습니다. 인간에게는 미생물과는 차원이 다른, 각자의 사정과 형편에 따라 적절하게 일을 처리하는 능력이 있으니까요. 이런 재주를 '융통성'이라고 하지요.

어찌 보면 식탐에 있어 인간과 미생물을 구별해 주는 중요한 차이점 하나가 융통성과 원칙 사이의 비중인 것 같네요. 미생물은 원칙에 집착하는 반면, 우리 인간은 융통성을 발휘하죠. 문제는 이 둘을 실제 삶에서 어떻게 조화시키느냐 하는 것입니다. 대상이나 일의 성격에 따라 조화의 비율은 달라지더라도 나름의 분명한 기준은 있어야겠죠. 지혜롭다는 뜻을 지닌 '호모 사피엔스'라는 이름값을 제대로 하려면 정신 바짝 차려야겠어요.

m i c r o o r g a n i s m

“ 맞아요. 사카로미세스 세레비시에 가문은 중세 유럽인의 갈증을 풀어주며 맥주의 대명사 지위를 누려왔죠. 그건 인정합니다. 하지만 시대가 변했습니다. 전 세계에서 가장 많이 팔리는 맥주, 라거를 만드는 건 우리 가문이죠. 일각에서는 토종 에일 효모와 비교하면서 우리 가문을 잡종이라고 폄하하는데, 솔직히 말해서 출생 신분이 대순가요? 중요한 건 능력이죠. ”

–맥주 가문의 신흥 강자 사카로미세스 파스토리아누스의 출사표

제20강

발효 음식이란 미생물이 산화하고 남은 찌꺼기를 먹는 것

1만여 년 전 지구에서는 마지막 빙하기가 끝나가고 있었답니다. 그 결과 기온이 올라가면서 자연스레 생태계 변화가 일어났어요. 우선 식물 분포가 바뀌었고, 사슴이나 멧돼시, 토끼같이 몸집이 작고 빠른 동물과 다양한 어패류가 번성했다네요. 이즈음 먹거리를 찾아 방랑하던 인류가 점차 한곳에 머물러 살기 시작합니다.

수렵 채집에서 농경 위주로 생활 양식이 바뀌면서 야생 동물 길들이기와 야생 식물 재배가 시작되었죠. 이른바 '신석기시대 농업 혁명'의 출발입니다. 이런 정착은 세계 여러 곳에서 독립적으로 일어난 것으로 알려져 있습니다. 그 가운데 가장 많이 연구된 곳이 '비옥한 초승달 지대(the Fertile Crescent)'입니다. 북쪽에는 티그리스와 유프라테스강이 가로지르고 남쪽에는 나일강이 흐르는 이곳은 오늘날 시리아, 레바논, 이스라엘,

이집트, 터키, 요르단, 이란, 이라크 등을 포함하는 지역으로 전체로 보면 초승달을 닮았다고 해서 이런 이름이 붙여졌습니다.

미생물 길들이기의 역사

야생을 누비던 동물이 인간과 동거를 시작한 건 최소 15,000년 전쯤으로 보고 있습니다. 첫 상대는 살가운(?) 늑대였답니다. 인간 영역에 들어와 주거와 배고픔을 해결하고, 그 대가로 인간을 보호하며 사냥을 도왔죠. 이 둘 사이의 유대감은 나날이 커졌지요. 절친 동물, 개의 탄생 과정을 추정하는 가설의 핵심 내용입니다.

그 이후로 수천 년에 걸쳐 인간은 들짐승을 키워 일을 부리고 식량으로 사용하는(가축화) 방법을 알게 되었습니다. 소는 대략 8,000년 전에 가축화되었다고 여겨집니다. 또한, 야생 식물을 재배하는(작물화) 데에도 성공했죠. 그런데 미생물까지 범위를 확장하면 인간의 야생 길들이기 역사를 다시 써야 할 것 같습니다.

미생물은 인류가 지구에 출현하기 수십억 년 전에 이미 다양한 발효 기술을 터득했습니다. 이 작은 발효 장인들은 음식의 풍미를 돋우고, 먹거리 저장을 도우면서 인류에게 다가왔습니다. 특히, 1만 년 전쯤 시작된 보리 재배는 특정 미생물과 인류가 단짝을 이루는 계기가 되었죠. 알코올성 발효 음료, 술이 인류 사회의 한 부분으로 자리를 잡은 것입니다.

인류가 술과 연분이 닿은 건 농경 생활 훨씬 이전으로 거슬러 올라갑니다. 당분 함량이 높은 과일은 조건만 맞으면 쉽게 발효되죠. 수렵 채집

시절에 과일을 찾아다니던 원시 인류는 자연 발효된 과일에서 우연히 술을 접하곤 했을 겁니다. 그러나 본격적인 술 빚기는 신석기시대로 접어들어 농경 생활을 하면서 시작된 것으로 간주합니다. 정확히 알아낼 길 없는 그 발로를 이렇게 상상해 봅니다.

"아껴서 남겨둔 보리죽을 먹으려는데 묘한 냄새가 난다. 그냥 버리기는 아까워 살짝 맛을 본다. 다행히 먹을 만하다. 그런데 먹을수록 기분이 묘해진다."

알코올(에탄올)은 뇌에서 세로토닌과 도파민 같은 '해피 신경전달물질' 분비를 촉진합니다. 그래서 술에 적당히 취하면 보통 기분이 좋아지는 겁니다. 이제 술맛을 알게 된 신석기인은 '우연한 횡재'를 이어가려고 일부러 보리죽을 내버려 둡니다. 설거지는 하지 않거나 대충했을 테고요. 그런데 오히려 이게 묘수로 작용했습니다. 그릇에 붙은 찌꺼기가 자연스레 발효종 역할을 한 것이죠. 인류가 부지불식간에 효모와 긴밀한 동거를 시작하는 순간입니다.

효모가 보리 녹말(전분)을 발효하기 위해서는 먼저 고분자 녹말이 저분자(쉽게 말해서 달콤한) 당류로 분해되어야 합니다. 현재 맥주의 주원료인 맥아는 보통 보리를 발아시킨 다음 말려서 빻은 가루입니다. 여기에는 보리 녹말을 분해하여 포도당과 엿당 같은 달콤한 당으로 분해하는 '아밀라아제'라는 효소가 들어 있어요. 아밀라아제는 우리의 침 속에도 들어 있죠. 그래서 밥을 씹을수록 단맛이 나는 거예요. 그 옛날 원시 인류가 먹다 남긴 보리죽에도 이 효소가 분명 들어 있었겠지요. 실제로 이런 추측에 신빙성을 더해주는 석기 유물이 있답니다. 2018년, 비옥한 초승달

지대 '나투프(Natuf)' 유적지에 있는 한 동굴에서 돌절구와 녹말 알갱이 등이 발견되었는데, 여기서 맥아 제조와 발효 흔적을 확인했답니다.

맥주 효모 가문의 스타 탄생

효모는 곰팡이(진균) 족속이지만 팡이실(균사)을 만들지 않고 단세포로 살아갑니다. 효모 세포는 달걀 모양으로 길이가 최대 10㎛(1/100mm) 정도입니다. 이들은 자연계에 널리 분포하며 지금까지 1,500종 넘게 확인되었습니다. 그러나 우리의 흥겨운 파티를 위해서는 단 1종, '사카로미세스 세레비시에(*Saccharomyces cerevisiae*)'면 충분하죠. 이 학명은 각각 당(Saccharo)과 곰팡이(myces), 맥주(cerevisiae)를 뜻하는 라틴어를 조합한 겁니다. 그래서 흔히 '맥주 효모' 또는 '양조효모'로 불리죠. 하지만 이 효모는 빵 발효도 수행하니까 '빵효모'라 불러도 무방해요.

장미를 다른 이름으로 불러도 향기는 마찬가지라는 셰익스피어의 말대로 이름이 무슨 대수겠어요. 오늘날 '사카로미세스 세레비시에'는 미생물계 스타로 등극했는데 말입니다.

양조효모는 세계적으로 연간 약 60만 톤(6천억 그램) 이상 생산되고 있답니다. 효모가 1그램을 채우려면 200억 세포 정도 있어야 하니까, 연간 효모 생산량을 세포 수로 계산하면 어림잡아 120해가 되네요. 해는 조의 1억 배가 되는 수로 120 뒤에 아라비아 숫자 0을 자그마치 20개나 더 붙여야 합니다. 이 수많은 효모는 지구촌 곳곳에서 맥주와 포도주, 빵 등 다양한 발효 산물을 선사하며 글로벌 팬덤에 보답한답니다. 그런데 이상하게도 이들을 자연환경에서는 거의 찾아볼 수 없다네요. 왜 그럴까요?

보통 과수의 잎과 열매에 사카로미세스 계통 효모는 많이 있습니다. 요컨대 포도 같은 과일에 하얀 가루처럼 덮여 있는 게 대부분 효모 세포지요. 하지만 이들 야생 효모는 '사카로미세스 세레비시에'와는 매우 다르죠. 무엇보다도 야생 효모는 에탄올 함량이 5%를 넘는 환경에서는 살지 못합니다. 반면 양조효모에게 10% 에탄올 정도는 기본이죠. 이들은 야생종보다 당을 엄청나게 잘 먹고 그만큼 많은 에탄올을 만들어 냅니다. 오랫동안 인공 발효 환경에 최적화된, 말하자면 인간에게 철저하게 길들여진 '마이크로 가축'이기 때문이죠.

맥주 가문에 등장한 신흥 강자

인간이 처음 맥주를 마시기 시작했던 때와 비교하면 요즘은 매우 다양한 종류의 맥주가 시중에 나와 있습니다. 저마다 맛을 자랑하는데, 보통 맥주는 크게 '에일(ale)'과 '라거(lager)' 둘 중 하나에 속합니다. '사카로미세스 세레비시에'의 작품인 에일은 이미 중세부터 유럽인의 갈증을 풀어주며 맥주의 대명사 지위를 누려왔어요. 반면 라거는 15세기에 바바리아(Bavaria, 지금 독일 바이에른주) 지방에서 시작된 후발 주자입니다. 그런데 지금은 처지가 완전히 뒤바뀌었답니다. 전 세계에서 가장 많이 팔리는 맥주는 바로 라거니까요.

라거 효모는 '사카로미세스 파스토리아누스(*Saccharomyces pastorianus*)'라는 신흥 가문 출신입니다. 맥주 발효의 터줏대감인 에일 효모는 상온에서 발효하는 반면, 라거 효모는 섭씨 10도 이하에서 일합니다. 그 결과 에일 발효는 보통 일주일 안에 끝나지만, 라거는 몇 주에 걸쳐서 발효가 진행되죠.

효모는 발효 과정에서 탄산가스(이산화탄소)를 만들어요. 이 때문에 맥주 거품이 생기는 거죠. 탄산가스 발생량은 발효 속도에 비례하기 때문에 에일 발효에서는 가스와 함께 효모가 떠오르고, 반대로 라거 발효에서는 효모가 상대적으로 가라앉는 경향이 나타납니다. 이런 연유로 에일과 라거를 각각 '상면 발효'와 '하면 발효' 맥주라고 부르기도 해요.

유전자 분석 결과, 라거 효모는 유럽 토종 에일 효모가 저온에 강한 외래 효모를 만나 생겨난 잡종으로 밝혀졌습니다. 이방 효모의 고향은 아르헨티나 남부의 고원 파타고니아라고 알려졌으나, 티베트에도 같은 종의 효모가 자생하고 있다는 것이 확인되면서 그 출처를 두고 논쟁 중이라네요. 어디서 왔든, 중요한 건 인간이 아니었다면 라거 효모는 애당초 탄생할 수 없었다는 사실입니다.

현대 발효 산업은 우연한 행운을 기대하는 대신에 최신 바이오 기술을 이용하여 원하는 효모를 만들어 냅니다. 예컨대 2015년, 핀란드 연구진이 세레비시에와 저온에 강한 효모 종을 교잡해서 두 종의 장점을 함께 지닌 새로운 라거 효모를 만드는 데 성공했습니다. 이 신생 효모는 저온에서도 기능을 잘하고, 뭉쳐서 잘 가라앉고, 발효 속도가 빠르고, 알코올 생산량도 더 높습니다. 바야흐로 맞춤형 '마이크로 가축' 생산이 가능한 시대가 열린 것이죠.

3부

반려 미생물과 평생 해로하는 법

microorganism

“제가 식물과 밀회를 즐긴 건 맞아요. 하지만 마냥 저 좋자고 그런 건 아닙니다. 제가 낙엽이나 동물 배설물을 분해해서 식물에게 선물하면 식물은 광합성을 해서 저에게 탄수화물을 나눠줘요. 세상에 공짜가 어딨나요? 서로 돕고 의지하며 사는 거지.”

–식물 뿌리에 사는 균근이 하는 말

제21강

인간은 기생하지만 미생물은 공생한다

생물 이름을 놓고 비호감 순위를 매기면 곰팡이는 분명 상위권에 들어갈 겁니다. 하지만 역시 곰팡이의 한 종류인 버섯은 전혀 다르게 여겨지죠. 각종 요리의 풍미를 돋우는 데에 두루 사용될 뿐만 아니라, 영양소가 풍부한 저열량 건강식품으로도 주목을 받고 있잖아요.

미식가들이 극찬하는 자연산 송로버섯(트러플)의 경우에는 가격도 엄청나죠. 2007년, 이탈리아에서 채취한 1.5kg짜리 흰 송로버섯 한 덩이가 무려 33만 달러, 한화로 약 3억7천만 원에 팔렸다고 하네요. 그 맛과 값은 차치하고, 송로버섯은 보통 버섯과는 다르게 땅속에서 자랍니다. 비싼 가격 탓에 '땅속 다이아몬드'라는 별명을 얻은 이 버섯을 미생물학에서는 '땅속 버섯'이라고 부르곤 합니다.

송로버섯은 주로 참나무 뿌리에서 자라면서 바람에 의존하지 않고 포자를 퍼뜨리는 비법을 개발했어요. 전 세계적으로 여러 종류의 송로버섯이 자생하고 있는데, 이들은 모두 그 지역에 사는 동물이 혹하는 향기를 공기로 퍼뜨립니다. 자기를 찾아내서 맛나게 먹고 곳곳에 포자를 배설하게 하려는 속셈이죠. 이 향기로운 유혹의 핵심은 동물의 짝짓기 본능을 자극하는 것입니다. 예컨대 프랑스 남서부 지방에서 나는 검은 송로버섯과 이탈리아 숲에 많은 흰 송로버섯은 수퇘지의 침에 있는 성호르몬 냄새를 솔솔 풍긴답니다.

이런 이유로 유럽에서는 이미 오래전부터 암퇘지를 이용하여 땅속에 묻혀 있는 송로버섯을 찾았습니다. 요즘에는 실험실 배양을 통해서 얻거나 다 자란 송로버섯에서 얻은 포자를 참나무 뿌리에 인위적으로 접종하여 송로버섯을 재배하기도 하지요. 그런데 인간이 지구상에 나타나기 오래전에 이미 버섯(곰팡이) 재배를 시작한 원조가 있다네요.

곰팡이 재배를 시작한 원조에게 배우다

어림잡아 5천만 년 전쯤 어떤 개미가 곰팡이와 독특한 관계를 맺었어요. '가위개미(leaf-cutter ant)'는 나뭇잎을 제 몸보다 훨씬 더 큰 조각으로 잘라서 온종일 집으로 나릅니다. 가정 재배 곰팡이에게 먹이로 주기 위해서죠. 개미집 안에서 곰팡이는 잎을 먹고 무럭무럭 자랍니다. 그러면 개미는 그 곰팡이를 먹어요. 우리가 버섯을 재배해서 먹는 것과 마찬가지죠. 놀랍게도, 단순해 보이는 이 시스템을 통해 열대 산림의 나뭇잎 3분의 1 정도가 분해되어 순환된다고 해요. 이런 재활용 원리는 식용 버섯 재배에 그대로 적용할 수 있답니다.

생소할 수 있지만 사실 버섯은 식용 미생물입니다. 좁은 공간에서 비교적 저비용으로 키울 수 있죠. 더욱이 볏짚이나 톱밥처럼 버려지는 물질에 물만 적당히 주면 기본적으로 재배할 수 있어요. 미생물이 보여주는 '재활용(recycle)'을 넘어선 '새활용(upcycle)' 사례입니다.

이렇게 버섯을 수확하고 나면 이들을 키우는 데 사용했던 유기물이 다량으로 남습니다. 그런데 폐품의 폐기물인 이것조차도 요긴하게 다시 사용할 수 있어요. 간단하게는 퇴비나 동물 사료로 쓸 수 있고, 한 번 더 미생물의 도움을 받는다면 친환경 에너지인 '생물 연료'도 생산할 수 있죠.

서로에게 기대 살아가는 식물과 곰팡이

땅속은 곰팡이와 식물이 밀회를 즐기는 장소입니다. 보통 식물 뿌리는 곰팡이와 얽혀 있는데, 이를 통틀어 '균근(균뿌리)'이라고 부릅니다. 말하자면, 곰팡이의 '균사'가 뿌리에 침입하여 연결된 제2의 뿌리털인 셈이죠. 균사란, 말 그대로 '곰팡이 실'입니다.

균근에는 크게 두 가지 형태, '외생균근'과 '내생균근'이 있습니다. 외생균근은 뿌리를 '균사'가 감싸는 구조로 주로 목본 식물(줄기나 뿌리가 비대해져서 질이 단단한 식물) 뿌리에 형성됩니다. 송로버섯도 외생균근의 한 종류죠. 반면 거의 모든 식물에서 발견되는 내생균근은 균사가 식물 뿌리의 세포벽을 뚫고 들어갑니다. 균사가 세포막에 닿으면, 이를 통과하지는 않고 균사 끝부분이 넓어지면서 표면적을 늘리는데, 이는 식물의 뿌리와 물질

교환을 촉진하기 위한 노력이라고 볼 수 있죠.

균근을 이룬 곰팡이는 자기의 특기를 한껏 발휘하여 사방으로 균사를 뻗어냅니다. 보통 상한 음식에 핀 곰팡이를 보면 가느다란 털이 수북하게 난 것처럼 보이죠? 그 털 모양 구조 하나하나가 균사입니다. 균사는 여러 세포가 서로 연결된 것인데, 아주 길게 자랄 수 있어요. 자그마치 길이가 6km에 달하는 단일 균사가 미국 오리건주에서 발견된 적도 있습니다. 참고로 버섯은 균사가 겹치고 두꺼워지면서 위로 자란 것으로, 한마디로 균사가 겹겹이 쌓인 구조물입니다.

균근에서 나온 균사는 낙엽이나 동물 배설물 따위의 온갖 물질을 분해하여 식물 뿌리가 이를 쉽게 흡수할 수 있게 만들어줍니다. 또 이러한 물질을 직접 빨아들인 후 일부를 식물에 나누어주기도 한답니다. 물론 공짜는 아니죠. 식물은 곰팡이에게 밥을 줍니다. 생물학적으로 요약하자면, 균근 곰팡이는 식물이 광합성을 하는 데 필요한 질소와 인 같은 영양분의 흡수를 대행해주고, 식물은 그 보답으로 곰팡이에게 광합성으로 만든 탄수화물을 나누어주면서 서로 의지하며 알콩달콩 살아가는 거죠.

햇빛을 이용하여 세상 모든 생물에게 먹거리를 제공하는 까닭에 식물을 '지구의 어머니'라고 말하기도 하죠. 우뚝 선 나무와 무성한 들풀을 보면서 스스로의 힘으로 굳건하게 살아가는 모습에 감탄하곤 했는데, 알고 보니 그들에게도 조력자가 있었네요. 사실 울창한 숲은 식물의 뿌리와 균근, 그리고 각종 미생물(특히 박테리아)이 쫀쫀하게 얽혀 있는 거대한 연결망이자 삶의 어울림 공간이랍니다.

균근을 중심으로 작동하는 땅속 사회관계망

식물은 이름(植, 심을 식) 그대로 땅에 심어진 생명체입니다. 식충 식물 같은 드문 예외를 제외하면 식물은 바람에 흔들릴 뿐 능동적으로 움직이지 못합니다. 하지만, 놀랄 만큼 용의주도한 방법으로 서로 연락을 주고받는답니다. 따지고 보면, 식물의 소통 능력은 뜻밖이 아니라 오히려 당연한 것 같아요. 요즘 같은 비대면 시기에 재택근무를 하려면 더 많은 통신 수단을 동원해야 하듯이 식물들도 움직일 수 없으니 오히려 소통 수단을 더 발달시킨 것 아닐까요?

예를 들어 식물이 곤충이나 병원체의 공격을 받으면 특정 화학 물질을 방출합니다. 마치 사이렌을 울려 마을에 위험을 알리는 재래식 경보 시스템처럼 말이죠. 이를 접수한 주변 식물은 해충을 쫓는 물질이나 침입자의 천적을 끌어들이는 물질을 내뿜습니다. 그런데 공기를 통해 보내는 화학적 메시지는 전달 범위와 내용에 큰 제약이 있고, 수신 대상도 지정할 수가 없죠. 확성기로 특정인에게 파일을 전달할 수 없듯이 말입니다. 그렇다면 식물은 어떻게 이 경보를 정확하게 전달하는 걸까요? 인터넷이라도 이용하는 걸까요? 네, 아주 비슷합니다. 그것도 아주 오래전부터 이용해 왔죠. 바로 균근이 그 주인공이랍니다.

균근을 중심으로 작동하는 이 연결망을 인터넷 '월드와이드웹(World Wide Web, www)'에 빗대어 '우드와이드웹(Wood Wide Web)'이라고 부르기도 해요. 이 땅속 인터넷은 일종의 '적응형 사회관계망'입니다. 다양한 식물과 곰팡이를 통합하고 피드백을 제공하여 상호 작용을 원활하게 하죠.

SANG MIN

이 곰팡이 망 덕분에 식물은 훨씬 더 세련되고 광범위한 소통은 물론이고, 능동적인 상황 대처를 할 수 있습니다. 심지어 이를 통해서 큰 식물이 햇빛에 가려져 영양분을 얻지 못하는 작은 식물에게 영양분을 보내 도와주기도 한다네요. 물론 오가는 물질이 항상 모든 식물에 유익한 것만은 아닙니다. 동물이 자기 영역에 불청객이 들어오면 쫓아내듯이 식물도 보통 뿌리에서 위협 신호, 즉 성장 억제 물질을 내보냅니다. 가령 호두나무 뿌리에서 분비되는 '주글론(juglone)'이라는 화합물은 살균, 살충 작용뿐만 아니라 주변 다른 식물의 성장을 방해하기도 하죠.

'우드와이드웹' 이라는 세계 지도

30여 년 전, 균근 연구의 한 선구자가 외생균근은 온·한대 지역에, 내생균근은 열대 토양에 상대적으로 더 많을 것으로 예측했습니다. 그 근거는 이렇습니다.

기온이 낮아질수록 미생물의 활동이 줄어들어 유기물의 분해도 그만큼 느려집니다. 외생균근은 유기물을 분해하여 식물에 필요한 질소를 직접 공급하죠. 그런데 열대지방 식물은 특히 인이 필요한데, 인 공급에는 내생균근이 더 효과적이랍니다. 그러니 열대지방에 내생균근이 더 많을 것이라는 예측을 한 것이죠. 2019년 다국적 공동 연구진이 우드와이드웹이라는 균근의 세계 지도를 완성했는데, 이 지도가 그 학자의 예측을 입증했습니다.

곰팡이 네트워크는 아득히 멀리 떨어져 있는 식물들 사이의 소통도

가능하게 합니다. 토양이 지구 생물 다양성의 4분의 1 정도를 품고 있다는 사실을 고려하면, 그 영향력은 실로 엄청나 보입니다. 따라서 어디에 어떤 균근이 있는지를 아는 것은 생물 다양성을 이해하고 보전하는 필요조건입니다. 비유컨대, MRI 스캔이 뇌 기능 이해에 크게 이바지하듯이 균근의 세계 지도는 지구 생태계 작동 원리를 파악하는 데 큰 도움을 줄 수 있습니다. 실제로 이 비밀스러운 지도가 공개되면서 아주 중요한, 하지만 '불편한' 진실이 대번에 드러났습니다.

열대 토양에서 주를 이루는 내생균근은 유기물을 빨리 분해하여 이산화탄소 발생을 촉진합니다. 이와는 대조적으로 외생균근은 많은 탄소를 땅속에 가두어 두죠. 문제는 그 특성상 외생균근이 지구 온난화에 취약하다는 사실입니다. 따라서 외생균근이 떠난 빈자리에는 내생균근이 들어서게 되죠. 토양의 거대한 탄소 저장소를 지탱하는 곰팡이 무리는 사라지고, 대기로 탄소를 쉬이 내보내는 곰팡이가 점점 늘어날 거라는 이야기입니다. 이렇게 되면 지구 온난화의 가속화는 불 보듯 뻔한 얘기가 되겠지요.

이런 이유로 거의 5억 년 동안 조화와 균형 속에 유지되어 온 우드와이드웹이 위기에 처해 있습니다. 인간을 비롯한 땅 위의 모든 삶을 지탱하는 보호 그물이 한 올씩 끊어져 가고 있는 것입니다. 이 문제를 제대로 해결하려면 이러한 사실을 우리 모두가 공감하는 데서 시작해야 하겠죠. 그러려면 우리가 인터넷으로만 연결된 것이 아니라 실제로도 서로 연결되어 있다는 사실을 기억해야 합니다. 우리 모두의 실천적 참여만이 우리와 미래 세대를 위기에서 구할 수 있습니다. 시간이 그리 많지 않습니다.

“2008년에 유럽우주국은 지구 밖에서 누가 가장 오래 살아남을 수 있는지 실험을 했어요. 세균, 곰팡이, 씨앗이 저와 함께 지원했죠. 인간들은 우리를 우주 정거장 바깥에 1년 반 동안이나 두었어요. 우린 우주에서 쏟아지는 미립자와 방사선, 곧 우주선(cosmic ray)을 온몸으로 맞으며 끝까지 버텼죠. 지구상의 어떤 생명체가 생존 능력 최강자인가를 가리는 자존심이 걸린 문제였거든요. 결국 최강자 자리는 우리 지의류가 차지했어요. 혹자는 우리가 이끼인 줄 알지만 사실 우린 곰팡이와 미세조류가 얽혀 있는 공생체예요. 끝까지 함께해준 내 반쪽, 곰팡이에게 이 영광을 돌리고 싶군요.”

-우주 실험에 참여한 지의류가 하는 말

제22강

함께하지 않는 삶은 상상할 수조차 없다

겨울이 다가올수록 옷을 껴입는 우리와는 반대로 나무는 옷을 벗으며 겨울을 맞이합니다. 아낌없이 주는 나무가 땅에 겨울 옷을 입히나 봅니다. 하지만 이는 가을 타는 추남(秋男)의 감성적 상상일 뿐, 본시 땅은 늘 옷을 입고 있어요. 숲길은 물론이고 동네 산책길에서도 조금만 주의를 기울이면 맨땅을 살포시 덮고 있는 '땅 옷'을 어렵지 않게 볼 수 있죠.

땅 옷의 씨실과 날실은?

땅 옷은 '지의류(地衣類)'라는 생물 무리 이름을 순우리말로 옮겨 본 겁니다. 비록 정식 용어는 아니지만, 땅 옷이 지의류의 생물학적 특성과 의미를 온전히 이해하는 데 도움을 줍니다.

땅 옷은 '미세조류'와 '곰팡이(진균)'라는 두 종류의 실로 짜입니다. 여기서 말하는 조류는 물풀이 아니라 광합성 미생물을 말합니다. 1장에서 소개했던 거 기억하죠? 지의류를 흔히들 이끼라고 아는데, 알고 보면 이 둘은 차원이 다른 생명체입니다. 이끼는 잎과 줄기 구별이 분명치 않고, 관다발이 없는 식물입니다. 반면 지의류는 전혀 다른 두 종류의 미생물, 그러니까 곰팡이(진균)와 미세조류가 얽혀 있는 공생체죠.

지의류는 공생하는 곰팡이를 기준으로 분류합니다. 따라서 분류학적으로 곰팡이 가문에 속하죠. 곰팡이 종류에 따라 현재 400여 속(genus) 1,600여 종(species)에 달하는 지의류가 알려져 있습니다. 또한, 지의류는 서식지와 모양에 따라, 돌에서 자라는 '암생', 나무 표면에서 자라는 '수피생', 흙 위에서 자라는 '토생', 지의류와 표면을 비늘처럼 덮는 '각상', 잎 모양 '엽상', 작은 나뭇가지 같은 '수상' 지의류 등으로 구분하기도 합니다.

재미있는 것은 지의류를 이루는 조류와 곰팡이를 따로 떼어 놓으면 자연조건에서는 대부분 살지 못한다는 점입니다. 실험실 조건에서 홀로 자라는 조류는 광합성으로 만든 탄수화물의 1% 정도를 몸(세포) 밖으로 방출합니다. 그런데 조류가 곰팡이와 함께 붙어 자라면 세포막 투과성이 훨씬 높아져 광합성 산물의 60% 정도까지 곰팡이에게 나누어줄 수 있다네요. 이 통 큰 베풂으로 곰팡이가 받는 혜택은 명백합니다. 그렇다고 곰팡이가 받기만 하는 것은 절대 아니죠.

광합성을 하려면 햇빛과 이산화탄소에 더해 물과 미네랄이 필요합니다. 식물은 흙에서 이를 흡수하는데, 나무 껍데기나 돌 위에 사는 지의류에게 이런 호사는 허락되지 않습니다. 대신 조류에 착 달라붙어 있는 곰팡이가 있을 뿐이죠. 그런데 언뜻 놈팡이처럼 보이는 곰팡이가 팡이실(균사)을 길게 뻗어서 물과 미네랄을 열심히 구해 옵니다. 이 덕분에 조류는 땅에 뿌리를 박지 않고도 광합성을 할 수 있죠. 또한, 곰팡이는 조류가 단단하게 자리 잡을 수 있도록 고체 표면에 부착시키고, 감싸서 보호해 주기도 한답니다.

이런 점에서 지의류는 단순히 땅을 보호하는 옷이기만 한 것이 아닙니다. 많은 생물을 먹여 살리는 양식이기도 하죠. 대표적으로 툰드라 지역에 사는 순록과 같은 초식 동물은 주로 지의류를 먹고 삽니다. 인간도 빠지지 않아요. 깊은 산 속 바위나 절벽에 자라서 '돌의 귀'라는 뜻을 지닌 고급 음식 재료, 석이(石耳)버섯도 지의류에 속하죠. 고산 지대에 서식하는 나무의 줄기와 가지에 실타래처럼 주렁주렁 늘어져 자라는 송라(松蘿, 소나무 겨우살이)는 한방에서 오래전부터 귀한 약재로 쓰여 온 또 다른 지의류랍니다. 이뿐만 아니라 수소 이온 농도(pH) 변화를 알려 주는 리트머스 용지에 들어가는 염료도 지의류에서 추출합니다.

아킬레스건이 되어버린 강인함의 원천

서로 기대고 보듬는 덕분에 지의류는 척박한 환경에서도 아주 잘 삽니다. 심지어 남북극 동토에도 푸른 땅 옷을 입혀주죠. 2008년 유럽우주국 ESA(European Space Agency)는 세균, 곰팡이, 지의류, 씨앗 등을 우주 정거장 밖에 약 1년 반 동안이나 두었답니다. 강한 에너지를 지니고 우주에서 지구로 쏟아지는 미립자와 방사선, 즉 '우주선(cosmic ray)'에 이것들

SANG MIN

을 노출시켜 생존 능력을 비교하기 위해서였죠. 실험 결과, 최강자는 누구였을까요? 바로 지의류였습니다. 지의류는 지구 밖에서도 탁월한 공생의 힘과 능력을 여실히 보여주면서 생존 최강자 자리를 차지했습니다.

그런데 뜻밖에도 이토록 강인한 생명체가 대기 오염을 만나면 고양이 앞에 쥐 신세가 되고 맙니다. 등하교 또는 출퇴근길에 나무와 담벼락, 돌덩이 같은 주변 경관을 유심히 한번 살펴보세요. 대로변에 가까워질수록 지의류를 찾아보기 힘들어질 겁이다. 반대로 학교 캠퍼스나 아파트 단지 안으로 들어가면 지의류를 만날 수 있죠. 깊은 산속에 가면 훨씬 더 크고 다양한 지의류가 즐비하고요. 지의류가 적거나 아예 없다는 것은 그만큼 대기가 나쁘다는 얘기입니다. 실제로 지의류는 대기 오염을 측정하는 '지표종(indicator species)' 역할을 해요.

우주 밖에서도 살아남는 강인한 이들이 대기 오염에는 왜 이렇게 속절없이 무너지고 마는 걸까요? 역설적으로 강인함을 안겨준 그 포용성 때문입니다. 지의류는 공기에 있는 물질을 있는 그대로 거의 모두 받아들여요. 공해 물질까지도 말이죠. 척박한 환경에서 이것저것 가리며 살아갈 여유가 없으니까요. 그러다 보니 대기 오염의 영향을 가장 먼저 받게 되는 것이죠. 이렇게 자신을 희생하며 환경에 대한 경각심을 일깨워주는 지의류에게 심심한 위로의 삼행시 한 편을 바칩니다.

지: 지금 알았네,

의: 의연한 그 모습,

류(유): 유념하라 그 가르침!

과학 대신 동화 속에 남긴 지의류

전 세계적으로 유명한 동화 주인공 '피터 래빗(Peter Rabbit)'이 2020년에 120회 생일을 맞았습니다. 이 토끼를 탄생시킨 작가 베아트릭스 포터(Beatrix Potter, 1866~1943)는 작은 시골 농장과 숲속을 배경으로 피터와 친구들의 일상을 손수 그린 그림과 곁들여 재밌는 이야기로 들려줍니다. 그런데 사실 그녀는 동화 작가이기 이전에 과학자였어요.

식물에 관심이 많았던 포터는 뛰어난 관찰력 덕분에 보통 사람들이 놓치는 것을 보게 되었죠. 아무리 보고 또 보아도 단일 생명체가 아닌 존재, 지의류를 처음 알아본 겁니다. 1897년에 그녀는 지의류가 서로 다른 두 종이 얽혀 있는 공생체라는 관찰 사실을 담은 논문을 학회에 보냈어요. 그리고 이것이 그녀의 인생을 송두리째 바꾸어 놓았죠.

그 당시, 사회는 물론이고 과학계에도 남성 우월주의가 팽배해 있었습니다. 포터의 논문은 일단 저자가 여성이라는 이유로 평가절하된 데다, 논문 내용도 보수적인 학자들의 눈살을 찌푸리게 하는 것이었습니다. 그들은 엄연히 다른 생물 두 종이 서로 휘감겨 살아간다는 주장 자체가 불경스러운 헛소리라고 힐난했어요. 마음에 큰 상처를 입은 포터는 결국 식물 연구를 접고 말았죠. 하지만 그대로 무너지지는 않았어요. 전혀 다른 분야에서 자신의 재능을 발휘했죠. 1901년 피터 래빗을 세상에 데뷔시킨 겁니다.

피터 래빗은 지금도 전 세계적으로 인기를 누리고 있는 캐릭터입니다. 이제 이 토끼는 그림책 밖으로까지 나와 다양한 팬시 상품을 장식하는 단골이 되었죠. 앞으로 피터 래빗 그림을 볼 기회가 있다면, 그 주변 배경을 세심히 보기 바랍니다. 나무나 돌에 푸릇푸릇한 색칠이 눈에 들어올 거예요. 그게 바로 지의류입니다.

포터는 무시당한 자기주장을 과학으로 입증하는 대신 동화 속에서 마음껏 펼쳤답니다. 그리고 1997년에 베아트릭스 포터를 비난했던 해당 학회는 한 세기 전에 자신들이 저지른 잘못을 인정하고, 하늘에 있는 포터에게 공식적으로 사과했습니다. 비록 오랜 시간이 걸렸지만, 명예 회복이 이루어진 셈입니다. 과학자에서 작가로 강제 이직하게 된 것이 포터 개인에게는 불행이었을지 몰라도 인류에게는 더 큰 혜택이었는지도 모르겠네요.

이처럼 공생이란 서로 부대끼며 같이 사는 삶입니다. 좀 더 전문적으로 말하면, 서식지(공간)와 먹이(물질)를 공유하는 겁니다. 이런 과정에서는 서로 돕기도 하지만, 때로는 해를 끼치기도 해요. 결국, 서로에게 이익을 주는 '상리공생'과 '기생' 모두 공생의 한 형태인 거죠.

실제로 서로 얽혀 있는 지의류를 현미경으로 자세히 들여다보면 곰팡이가 조류 안으로 파고 들어가 있어요. 감염이자 기생인 겁니다. 겉으로만 보면 곰팡이가 조류를 해코지하며 착취하는 모양새죠. 사실 자연에서는 이처럼 기생과 상리공생을 정확히 구분하기 어려운 경우가 많습니다. 그래도 큰 문제는 없어 보입니다. 중요한 것은, 보는 '관점에 따라 달리 보이는 관계'가 아니라 '함께하지 않으면 불가능한 삶의 속성', 그 자체가 아닐까요?

m i c r o o r g a n i s m

즐거운 곳에서는 날 오라 하여도
내 쉴 곳은 작은 집 내 집뿐이리
내 나라 내 기쁨 길이 쉴 곳도
꽃피고 새 우는 집 내 집뿐이리
오 사랑 나의 집
즐거운 나의 벗 내 집뿐이리

–장에 첫 입주한 대장균이 부르는 기쁨의 노래

제23강

대장균에게 사실인 것은 코끼리에서도 사실이다

어림잡아 20만 년 전 '호모 사피엔스(*Homo sapiens*)'가 지구에 처음 출현했을 때부터 대장균은 인간의 장 속에 자리를 잡고 살아왔습니다. 하지만 자칭 지혜로운 우리(학명을 이루는 '호모'와 '사피엔스'는 각각 '사람'과 '지혜로운'이라는 뜻)가 이들의 존재를 알게 된 지는, 2021년 기준으로, 불과 135년 남짓합니다.

1885년에 독일의 의사 테오도어 에셰리히(Theodor Escherich, 1857~1911)가 아기의 똥에서 대장균을 최초로 분리해냈습니다. 이후 첫 발견자와 그 분리 장소를 기리기 위해 그의 성(姓)과 대장의 대부분을 차지하는 '결장'의 영어 '콜론(colon)'을 합쳐 '*Escherichia coli*'라고 명명했답니다. 이 라틴어 학명을 한글로 발음하면 '에스케리키아 콜리' 정도가 되겠네요.

이름 때문에 대장균이 '대장에 많은 세균'이라고 생각하기 쉽지만, 사실은 그 반대입니다. 대장균은 전체 장내 세균의 1%에도 훨씬 못 미치거든요. 또 식중독 뉴스에 대장균이 단골로 등장하다 보니, 많은 사람들이 '대장균=병원균'으로 생각하는데, 식중독 하나로 일반화하는 건 명백한 실수이자 잘못입니다. 이는 일부 몰상식한 한국 관광객을 보고 모든 한국인에게 '어글리 코리안'이라고 손가락질하는 것과 다를 바 없죠.

상주하는 대장균에게 인간의 장은 말 그대로 '즐거운 나의 집'입니다. 당연히 이들도 좋은 집, 즉 건강한 장을 원하죠. 실제로 이를 위해서 나름대로 노력도 합니다. 우선 대장균도 제자리를 굳건히 지키면서 음식물과 함께 들어오는 잡균들이 끼어들 틈을 주지 않죠. 이런 보호 기능은 기본이랍니다. 이들은 비타민 K와 B_7 등도 생산하거든요. 비타민 K는 상처가 났을 때 혈액 응고에 꼭 필요하고, 비타민 B_7은 혈액 순환을 좋게 하여 탈모 예방에 도움을 줍니다. 숙식 제공에 대한 보답을 톡톡히 하는 셈이죠. 생태학 용어로 말하자면, 대장균과 우리는 더불어 사는 삶이 서로에게 이익이 되는 '상리공생(相利共生)' 관계랍니다.

또한 대장균은 연구가 가장 많이 된 생명체입니다. 이를 통해서 세포 수준에서 일어나는 생명 현상의 기본을 이해하게 되었죠. "대장균에서 사실인 것은 코끼리에서도 사실이다."라는 말이 있을 정도니까요. 또한, 대장균은 원조 '세포 공장'으로서 생명공학 산업을 이끄는 역군입니다. 세포 공장이란 정밀 화합물과 의약품을 비롯하여 각종 유용 물질을 생산하도록 설계한 미생물을 말합니다.

인류는 오래전부터 발효처럼 미생물을 이용해서 다양한 물질을 만들어왔습니다. 그러다 1980년대에 들어서 미생물 산업의 패러다임이 바뀌었죠. 사람의 인슐린 유전자를 주입한 대장균을 제작하여 당뇨병 치료제를 대량 생산하는 데 성공한 겁니다. 적절한 생장 조건만 유지해주면, 이 재조합 대장균은 인슐린을 끊임없이 만들어 내죠. 세포 공장의 탄생입니다. 최근에는 한층 더 발달한 생명공학 기술을 적용하여, 마치 종이 공작하듯이 미생물 유전자(DNA)를 다루어 여러 가지 맞춤형 세포 공장을 제작, 가동하고 있답니다.

청결의 지표로 사용되는 대장균 집안의 족보

족보는 한 가문의 계통과 혈통 관계의 기록이죠. 살아 있는 모든 생명체의 몸(세포) 안에 족보가 들어 있습니다. 바로 유전자입니다. 생명체의 특성을 결정하는 기본 정보인 유전자는 이전 세대에게서 물려받습니다. 그런데 전수 과정에서 유전자가 조금씩 변해요. 흔히 자식이 부모를 닮았다고 하지만, 부모 기준에서 보면 조금씩 달라지는 거죠. 유전 정보의 변화를 보여주는 확실한 증거입니다.

대장균의 자연 서식지는 포유류와 조류 같은 온혈 동물의 창자입니다. 유전자 분석 결과에 따르면, 대장균은 1억 2천만 년 전쯤 처음 나타난 것으로 보입니다. 이때부터 대장균은 다양한 온혈 동물과의 긴밀한 공생을 시작했습니다.

그런데 동물마다 장내 환경이 다르다 보니 이후 대장균의 자손 번식에도 큰 영향력을 행사했죠. 세대를 거듭할수록 주어진 조건에 더 적합한 유전자 변이를 지닌 대장균이 번성해갔습니다. 사는 곳에 따라 대장균들이 서로 점점 더 달라져 간 것이죠. 특히 병원성 대장균들은 상대적으로 유전자 수가 많은 것으로 밝혀졌어요. 어찌 보면 당연한 사실입니다. 숙주에게 병을 일으키려면 추가로 유전자가 필요할 테니 말이죠.

대장균은 동물의 장을 떠나서도 비교적 잘 살고, 실험실에서 배양하기도 쉬워요. 이런 이유로 대장균은 청결을 가늠하는 지표로 사용되곤 합니다. 대장균이 검출된다는 것은 시료가 온혈 동물의 분변이나 매개체로 오염되었음을 의미하니까요. 검출된 대장균을 대상으로 간단한 유전자 검사를 하면, 문제의 세균이 유래한 숙주(사람인지 포유동물인지 아니면 조류인지)와 병원성 여부를 알 수 있습니다.

꼬리가 있느냐 없느냐로 구별하기

이제 대장균이 곧 식중독균이라는 오해가 좀 풀렸나요? 그렇기를 기대하며, 이번에는 인간에게 고약하게 구는 대장균 패거리를 소개합니다. 주로 장염을 일으키는 골칫거리 가운데 하나가 종종 난동을 부리죠. 일명 '햄버거 병'이라는 식중독을 일으키는 주범, '대장균 O-157:H7'입니다. 이름 뒤에 붙은 꼬리표가 이 불한당의 정체를 알려 준답니다.

대장균은 '혈청형'으로 구별해요. 혈청형이란 미생물 세포 표면이나 편모 따위에 존재하는 항원에 따라 미생물을 분류하는 방법입니다. 세포 표면과 편모에 있는 항원은 보통 'O'와 'H'로 각각 표기해요. 습관적으로 영어 알파벳이라고 생각하기 쉬운데, 이것은 각각 '없다'와 '얇은 막'을 뜻하는 독일어 단어 'ohne'와 'hauch'의 첫 글자랍니다.

세균은 꼬리처럼 보이는 편모를 휘저어 움직입니다. 대장균도 여러 개의 편모를 가지고 있어요. 편모가 있느냐 없느냐에 따라 세균의 활동성에 큰 차이가 납니다. 편모가 많으면 더 활발하게 움직이죠. 반대로 편모가 없으면 상대적으로 정적인 세균이 되고요. 이런 운동성의 차이는 세균이 고체 배지 위에서 자랄 때 확연하게 드러납니다.

운동성이 큰 세균은 증식하면서 주변으로 퍼져나가죠. 그 결과 세균 집단이 배지 표면을 얇고 넓게 덮는 '막(hauch)', 즉 큰 콜로니가 나타납니다. 반면 편모가 없는 세균은 같은 자리에서 계속 증식하기 때문에 상대적으로 작고 도톰한 콜로니가 형성됩니다. 달리 말해, 박막이 '없다(ohne)'라는 얘기가 됩니다. 이처럼 대조적인 성장 양상이 편모 항원과 세포 표면 항원을 각각 'H'와 'O'로 표기하게 된 연유입니다.

집단 식중독을 일으키는 '독한 놈'의 등장

1982년 미국에서 햄버거를 먹고 집단 식중독이 발생했습니다. 그 원인을 규명하는 과정에서 환자의 혈변에서 대장균 O-157:H7이 처음으로 분리되었습니다. 그 이후로 자주 햄버거 패티에서 검출되었죠. 피 설사를 동반하는 대장균 감염은 1970년대부터 보고되었지만, 이 새로운 변종의 병원성은 차원이 달랐습니다. 이렇게 해서 O-157:H7은 햄버거에 억울한 오명을 뒤집어씌우며 악명을 떨치기 시작했습니다.

O-157:H7의 주된 감염원으로 소고기가 지목되고 있습니다. 사육 소 백 마리 중 두세 마리 정도가 이 식중독균에 감염된 것으로 추정한다네요. 보통 병원성 미생물이 그렇듯이 이 대장균도 소에서는 별문제를 일으키지 않아요. 도축과 육류 가공 과정에서 소고기가 대장균으로 오염될 수 있죠. 또한, 사육 및 도축 시설에서 나오는 하수로 오염된 자연수를 농사에 사용하면 잎채소 같은 식자재에 대장균이 묻어서 우리 몸으로 들어올 수 있죠. 드물지만 심지어 물놀이를 하다가 발생한 감염 사례도 있다고 하네요.

O-157:H7 세포 표면에는 강력한 독소 단백질이 박혀 있습니다. 세균에서 떨어져 나온 독소가 대장 벽을 손상해 출혈을 일으킵니다. 그래서 환자가 혈변을 보게 되는 겁니다. O-157:H7에 감염되고 평균 사나흘 정도 지나면 열이 나면서 배가 아프고 설사를 합니다. 다행히 건강한 성인은 별다른 치료 없이도 수분만 제대로 보충하면 열흘 정도면 회복할 수 있습니다. 그러나 미취학 또래 아이들과 노년층은 대장균에 매우 취약합니다. 2020년 6월에도, 국내 한 유치원에서 대장균 O-157:H7 집단 식중독이 발생해서 코로나 19로 가뜩이나 힘든 우리를 더욱 힘들게 했었지요.

만약 대장균 O-157:H7이 혈액으로 들어가면 사태는 매우 심각해집니다. 백혈구는 당연히 침입자를 파괴하죠. 그런데 이 과정에서 독소가 혈액으로 유출되는 게 문제입니다. 독소가 피를 타고 온몸으로 퍼져서 특히 콩팥에 큰 피해를 줍니다. 이렇게 되면 오줌에 피가 섞여 나오고 종종 콩팥이 제 기능을 못 해서 신진대사 노폐물이 혈액에 쌓이게 되죠. 합병증으로 '용혈성 요독 증후군'이 발생합니다. 안타깝게도 감염된 아동 열에 하나 정도가 이런 최악의 상황까지 내몰린다고 하네요.

불현듯 의문이 생깁니다. 도대체 대장균 O-157:H7은 어떻게 해서 이런 독소 유전자를 갖게 되었을까요? 아무리 생각해도 단순한 무작위 유전자 변이만으로는 부족해 보이는데 말입니다. 다른 무언가가 숨어 있는 것 같아요.

생물학적 근묵자흑의 나쁜 예

이처럼 대장균이라고 해서 다 같은 게 아니랍니다. 건강 도우미와 산업 역군 역할을 하는 기특한 대장균부터 장출혈성 병원균에 이르기까지 그야말로 천차만별입니다. 이런 극과 극의 차이는 유전 정보 차이에서 비롯됩니다.

나쁜 대장균은 착한 대장균보다 훨씬 더 많은 유전자를 가지고 있습니다. 이들 가운데 상당수가 병원성과 관련되어 있죠. 주목할 점은 병원성 유전자들이 무작위로 퍼져 있지 않고, 군데군데 무리를 지어 모여 있다는 사실입니다.

'병원성 유전자 섬(pathogenicity island)'이라고 부르는 이들 유전자 무리는 주변 유전자들과 확연히 다르답니다. 흡사 클래식 선율 중간중간에 재즈 멜로디가 나오는 격이죠. 다시 말해, 세포 분열 과정에서 일어나는 무작위 돌연변이로 생겨나기에는 너무나 조직적이고 이질적입니다. 세포 안에서 만들어진 게 아니라면 밖에서 들어왔다는 얘기인데, 대체 무슨 일이 있었던 걸까요? 답은 근묵자흑(近墨者黑)으로 표현할 수 있겠네요.

글자대로 풀면 '먹을 가까이하는 사람은 검어진다'는 뜻인 이 사자성어는 나쁜 사람과 가까이 지내면 나쁜 버릇에 물들기 쉬움을 비유적으로 이르는 말입니다. 병원성 대장균은 '생물학적 근묵자흑' 사례라고 볼 수 있습니다. 온혈동물의 창자에서 1억 년 넘게 살아오면서 대장균은 여러 다른 장내 세균들과 만났죠. 이 가운데에는 장티푸스와 치명적 이질을 각각 일으키는 '살모넬라(Salmonella)'와 '시겔라(Shigella)'처럼 아주 고약한 병원균도 있었습니다. 유전자 분석 결과에 근거해서, 대장균 전체 유전자의 5분의 1가량이 다른 세균에서 유래한 것으로 추정합니다. 특히 우리의 대장 벽을 손상해 출혈을 일으키는 대장균 O-157:H7의 독소 유전자는 시겔라에서 들어온 게 확실해 보인답니다. 그런데 이 독소 유전자는 도대체 어떻게 대장균 속으로 들어왔을까요?

병원성 대장균, 싸우지 않고 이기기

정답은 이미 앞에서 설명했어요. '수평 유전자 전달' 방식을 기억하죠?(77쪽 참조) 동물 창자 속에는 각종 세균이 바글대며 이리저리 부대낍니다. 이런 환경에서 나쁜 병원균이 오지랖을 떨어 대장균을 물들이는 일이 벌어진 거죠. 이제 타락한 대장균이 증식하면서 병원성 유전자를 대물림하는 건 물론이고, 다른 선한 대장균에게 병원성 유전자를 건네주기도 합니다. 그렇다면 이렇게 융통성 있고 생존력도 강한 대장균을 어떻게 바라봐야 할까요?

"지피지기백전불태(知彼知己百戰不殆): 상대를 알고 나를 알면 백 번을 싸워도 위태롭지 않다."

『손자병법』에서 가장 유명한 이 경구는 병원성 미생물과의 싸움에도 그대로 적용된답니다. 대장균은 비교적 열에 약해요. 직접 노출된다면 섭씨 70도 정도에서 죽습니다. 이런 사실에 병원성 대장균 감염 경로에 대한 지식을 더하면 효과적인 감염 예방책을 세울 수 있죠. 핵심은 주방 위생 관리입니다.

우선 올바른 손 씻기와 철저한 식자재 세척이 중요하겠죠. 조리 도구, 특히 칼과 도마에 신경을 써야 합니다. 육류 손질에 사용한 칼과 도마를 그대로 채소 손질에 사용하면 교차 감염 위험이 커집니다. 육류 전용 도마를 쓰는 게 제일 좋은데, 여의치 않으면 깨끗이 닦은 다음에 써야 감염 예방에 도움이 됩니다. 무엇보다도 육류는 70도 이상의 온도에서 조리하여 잘 익혀 먹는 게 중요합니다. 갈거나 다진 고기를 요리할 때는 특별히 더 주의해야죠. 다진 육류 속으로 섞여 들어간 대장균이 살아남기 쉬우니까요.

2500여 년 전 손자(孫子)는 '싸우지 않고 이기는 게 최상'이라고 했습니다. 병원성 대장균과의 대결에서도 우리 하기에 따라서 충분히 달성할 수 있는 목표입니다. 이렇게 주의했음에도 불구하고 장출혈성 대장균 감염 증세가 나타난다면 망설이지 말고 병원으로 달려가야 합니다. 스스로 판단하여 지사제 같은 상비약으로 버티다가 사태만 악화시킬 수 있거든요. 부득이하게 전쟁을 하게 된다면 속전속결하라는 손자의 말이 떠오릅니다.

에필로그

반려 미생물과 함께 살아간다는 것

30년 넘게 실험실에서 박테리아와 깊은 교제를 해오다가, 10여 년 전 우연한 기회에 한 철학자를 만나게 되었습니다. 처음에는 그냥 얘기가 잘 통해서 커피 한 잔의 여유 속에 담소를 나누는 정도였어요. 그런데 만남이 계속되면서 한 번 대화를 시작하면 시간 가는 줄 모르게 되었습니다. 서로 다른 공부를 해왔다고 생각했는데, 실은 근본적으로 같은 문제를 다른 각도에서 보고 있었던 것이 신기했습니다. 만남이 깊어질수록 서로가 서로에게 각자가 공부하는 내용을 이해시키기 위한 소통의 말솜씨가 늘면서, 시나브로 사고(思考)의 융합이 일어나기 시작했죠. 오지랖 넓은 세균들이 유전자를 주고받듯이 말입니다.

철학자와 미생물학자의 지적 대화

그와 나눈 대화에서 얻은 지적 자극은 저를 생물학과 철학의 접점을 찾는 융합 연구로 옮겨가게 했습니다. 이를테면 이런 식으로 말이지요.

유전자는 세대를 거쳐 전수되면서 각 생명체에게 생물학적 정체성을 부여하는 기본 정보입니다. 그러고 보니 인간의 정체성 확립에 지대한 영향을 미치는 교육도 결국 정보의 전달이네요.

우리의 첫 교육은 가정에서 시작되죠. 그러다 학교에 들어가면서부터는 전문가들이 설계한 틀 안에서 교육을 받습니다. 주로 일방적인 가르침이고, 배운 대로 시험을 보고 정답을 맞히는 방식이죠. '수직적인 생각 전달'이라고 볼 수 있겠네요. 한 인간이 소속되어 있는 국가와 사회의 정체성을 계승 발전시키기 위해서 꼭 필요한 교육 방법이죠.

다만 피교육자의 흥미와 능력 따위를 온전히 반영하지 못하는 이런 주입식 교육만으로는 다양한 사고력이나 창의력을 키우기가 어렵죠. 말하고 보니 세균들이 수직 유전자 전달 과정에서 발생하는 돌연변이만으로는 충분한 유전적 다양성을 얻을 수 없는 것과 비슷하네요. 그렇다면 '수평적인 생각 전달'도 필요하겠네요.

사실 우리는 삶의 지혜를 학교 정규 교육을 통해서만 쌓아가는 게 아니죠. 여러 사람과의 만남과 경험을 통해 많은 것을 배웁니다. 특히 요즘에는 인터넷이라는 정보의 바다가 사람들의 생각에 큰 영향력을 행사하고 있어요. 인터넷 공간에는 별의별 정보가 차고 넘칩니다. 보통은 무관심 속에 이런 파편적인 정보를 그냥 흘려보내지만, 가끔은 이전에 관심

없던 것에 눈이 가고 귀가 번뜩일 때가 있습니다.

예를 들어 감염병 시대에는 평소에 관심 없던 '면역'이라는 말에 온통 관심이 쏠리고 집중을 하게 되는 것처럼 말입니다. 이렇게 관심이 쏠리는 분야가 생기면 관련 정보들을 적극적으로 받아들입니다. 스트레스를 받아 주변에 있는 '벌거벗은 DNA'를 받아들일 능력이 생긴 세균처럼 말이죠.

사람을 세균에 빗대는 게 억지스럽고 불편하다고 말하는 독자들도 있을 것 같네요. 그런 독자들에게 양해를 구하며 이번에는 예술을 바이러스에 한번 빗대볼까요?

예술 작품은 이해를 통한 가르침과는 차원이 다른 깨달음이나 감동을 주곤 합니다. 예술 작품을 접하고 가슴 뭉클해지는 그 벅찬 울림을 말로 다 표현하기는 어렵지만, 우리는 흔히 그 상태를 '매료(魅了)'되었다고 하죠. 한자 '魅'는 '도깨비'를 뜻해요. 도깨비에 홀린 듯, 마음이 완전히 사로잡힌 상태가 바로 매료입니다. 매료된 이유를 논리나 이성으로는 설명하기 어렵죠. 그 작품이 그냥 내 마음속에 들어와 버린 거니까요. 이를 일종의 '정신적 감염'이라고 말한다면 지나친 비약일까요?

또한, 사람마다 예술 작품에 대한 취향이 다 다릅니다. 바이러스가 숙주 특이성이 있듯이 예술 작품은 '감상자 특이성'이 있다는 얘기죠. 그렇다면 바이러스가 '수평 유전자 전달'을 매개하듯이 예술 작품은 '생각 전달의 매개체' 역할을 하는 게 아닐까요?

이처럼 한 철학자와 시간 가는 줄 모르게 나눴던 대화들은 저에게 말할 수 없는 지적 영감을 주었습니다. 그것들을 독자들과도 나누고 싶은 게 저의 바람이었죠. 저는 천생 미생물학자니까 미생물을 매개로 해서 그것들을 전달할 수 있을 거라고 생각했어요. 그 바람이 이 책을 통해 잘 전달되었는지 모르겠네요.

지구에서 미생물이 사라진다면?

미생물 하면 뭐가 떠오르냐고 물어보면서 첫 번째 이야기를 시작해서 여기까지 왔네요. 지금 다시 한번 같은 질문을 한다면, 여러분의 답변이 조금은 달라졌을까요? 그러기를 바라면서 마지막 질문을 하겠습니다.

지구에서 미생물이 사라진다면 어떻게 될까요?

심해 화산 분화구에서 우리 소화관에 이르기까지 미생물은 지구에 존재하는 생물 중 가장 널리 퍼져 있습니다. 그런데 이토록 많은 미생물 가운데 현재 인간의 기술로 배양할 수 있는 것은 어림잡아 1% 남짓입니다. 자연계에는 아직 우리가 접하지 못한 무수히 많은 미지의 미생물들이 있다는 얘기죠. 우리는 이 수많은 미생물을 눈으로 볼 수가 없어요. 몸으로 느껴지지도 않아요. 가끔 감염으로 인해 아픔을 느낄 뿐이죠.

그러나 미생물은 우리가 태어나면서부터, 엄밀히 말하면 그 이전부터 우리와 함께하고 있습니다. 우리가 뭘 하든 어디를 가든 늘 같이 다녀요. 마치 공기처럼 말이죠. 결국, 지구에 있는 모든 삶은 미생물을 통해서 연결된 거대한 '생명 네트워크'나 다름없어요. 미생물이 없으면 그 네트워크 자체가 사라지겠죠. 그러면 인간은 말할 나위도 없고, 미생물을 제외한 거의 모든 생물이 지구에서 살 수 없게 될 거예요.

그런데도 우리는 미생물에 대한 적대감을 키우고 있습니다. 지금처럼 많은 사람을 불편하게 하고, 불행하게 하는 강력한 바이러스를 맞닥뜨렸을 때는 더욱 그렇지요. 그런 상황 자체를 부정할 생각은 없습니다.

다만 우리가 여전히 알지 못하는 미생물이 너무나 많고, 우리에게 피해를 주는 미생물은 그중에 극히 일부라는 사실을 밝히고 싶었습니다. 악명 높은 바이러스를 비롯한 몇몇 때문에 우리와 더불어 살아가는 수많은 미생물들이 공공의 적으로 오해받는다면 너무 서글프잖아요.

실제로 미생물은 우리가 도저히 함께할 수 없고, 박멸해야 하는 공공의 적이 아니라 늘 곁에 두고 함께 가야 할 동반자입니다. 우리는 좋든 싫든 그런 미생물들과 이 지구 위에서 함께 살아가야 하는 운명이죠. 이제 왜 우리가 미생물과 공생하며 살아가야 하는지 이해가 가시죠? 우리는 진정한 인생의 반려자이자 조력자인 미생물과 함께 조화 속에 살아가야 합니다. 온통, 미생물 세상이니까요!